中等职业教育课程改革规划新教材
机械工业职业教育专家委员会审定

金属加工与实训

——技能训练

主　编　禹加宽
参　编　陈为华　张　军　张德芳
主　审　张国军

机械工业出版社

本书是根据教育部 2009 年 1 月颁布的《中等职业学校金属加工与实训教学大纲》的精神和要求而编写的，适合作为中等职业学校机械类专业及工程技术类相关专业的规划教材。

全书分为钳工实训、车工实训、铣工实训、刨工实训、磨工实训、焊工实训六个模块，每个模块由一系列初级工技能训练课题组成。在内容安排上，力求体现由浅入深、由简到繁、循序渐进的教学规律。本书突出技能训练，注重可操作性和实用性，图文并茂，浅显易学，操作过程直观明了。

本书与《金属加工与实训——基础常识》配套使用，亦可单独作为职业技术学校培训教材。

图书在版编目（CIP）数据

金属加工与实训：技能训练/禹加宽主编. —北京：机械工业出版社，2011.1（2024.7 重印）
中等职业教育课程改革规划新教材
ISBN 978-7-111-33102-5

Ⅰ.①金⋯ Ⅱ.①禹⋯ Ⅲ.①金属加工－专业学校－教材 Ⅳ.①TG

中国版本图书馆 CIP 数据核字（2011）第 009113 号

机械工业出版社（北京市百万庄大街 22 号 邮政编码 100037）
策划编辑：王佳玮 责任编辑：王亚明
版式设计：霍永明 责任校对：陈延翔
封面设计：姚 毅 责任印制：邓 博
北京盛通数码印刷有限公司印刷
2024 年 7 月第 1 版第 5 次印刷
184mm×260mm · 11 印张 · 268 千字
标准书号：ISBN 978-7-111-33102-5
定价：29.80 元

前　言

　　《金属加工与实训》分为基础常识和技能训练两册，是根据教育部 2009 年颁布的《中等职业学校金属加工与实训教学大纲》的精神和要求编写的，适合作为中等职业学校机械类专业及工程技术类相关专业的教材。

　　《金属加工与实训——技能训练》以职业技能为培养目标，力求突出职业性、技能性和应用性的职业特点，使学生在实训过程中能初步掌握金属加工——钳工、切削和焊接的实践操作技能，有利于培养学生的职业兴趣和职业能力，有利于提高金工实习的质量。

　　本书把钳工、车工、铣工、焊工、刨工及磨工等基本技能工种综合在一起，可使学生较全面地了解金属加工技术，为学生学习现代制造技术打下坚实基础。同时，教材中各个模块相对独立，这可使技能训练更具针对性和实效性，便于不同学校、不同专业、不同学制、不同课时要求的学生选用，各学校在教学时也可根据不同的培养方向及实际需要选用不同模块。

　　各模块具体学时分配建议见下表：

实训模块	内　　容	建 议 学 时
模块一	钳工实训	1 周
模块二	车工实训	2~4 周
模块三	铣工实训	
模块四	刨工实训	0.5 周
模块五	磨工实训	0.5 周
模块六	焊工实训	1 周

　　本教材由江苏省盐城机电高等职业技术学校禹加宽副教授主编，江苏联合职业技术学院张国军副教授主审。参加编写的教师有江苏省盐城技师学院陈为华（模块一），江苏盐城机电高等职业技术学校禹加宽（模块二、模块三）、张军（模块六），江苏省宜兴职业教育中心校张德芳（模块四、模块五）。

　　本教材在编写过程中，参考了有关教材和资料，并得到了许多同仁的支持和帮助，在此一并表示衷心的感谢。由于编者水平有限、编写时间短促，书中缺点、错误在所难免，恳请批评指正。

编　者

目　录

模块一 钳工实训

课题一 钳工实习场地设备及拆装台虎钳

学习目标

① 了解钳工实习场地主要设备的使用。

② 学会台虎钳的拆装与保养。

③ 掌握钳工工、量具的摆放，熟悉新型钳工工具。

④ 了解基本安全生产常识。

知识学习

钳工是主要利用台虎钳、各种手用工具和一些机械电动工具完成某些零件的加工，部件、机器的装配和调试以及各类机械设备的维护与修理等工作的工种。钳工具有所用工具简单、加工多样灵活、操作方便和适用面广等特点，是机械制造业中不可缺少的重要工种之一。

1. 钳工实习场地及相关设备

钳工实习场地一般分为钳工工位区、台钻区、划线区和刀具刃磨区等区域。各区域由白线分隔而成，区域之间留有安全通道。图1-1所示为钳工实习场地的参考平面图。

[注意] 在钳工实习场地中走动时，要限定在安全通道以内。

钳工实习的主要设备如图1-2所示，有划线平板、平口钳、台虎钳、台钻、砂轮机和钳工台等。

划线平板主要用于划线；平口钳用于钻孔时夹持工件；台虎钳用于工作时夹持工件；台钻用于钻孔；砂轮机用于刃磨刀具；钳工台是钳工操作平台，台虎钳被固定在上面。

2. 工、量具的摆放

钳工常用工具有锤子、钳子、扳手、螺钉旋具、錾子、锉刀、手锯、丝锥、板牙等，常用量具有金属直尺、游标卡尺、千分尺、百分表、游标万能角度尺等。工作时，钳工工具一般都放置在钳工台面台虎钳的右侧，量具则放置在台虎钳的正前方，如图1-3所示。

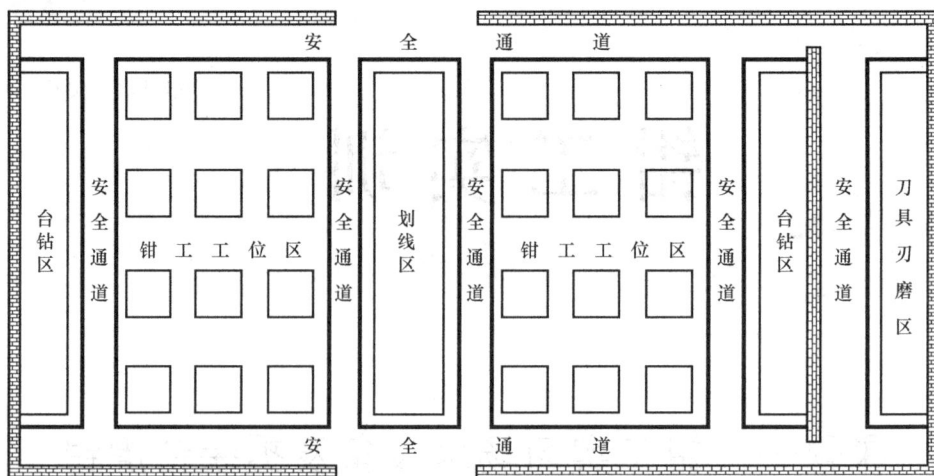

图 1-1　钳工实习场地的参考平面图

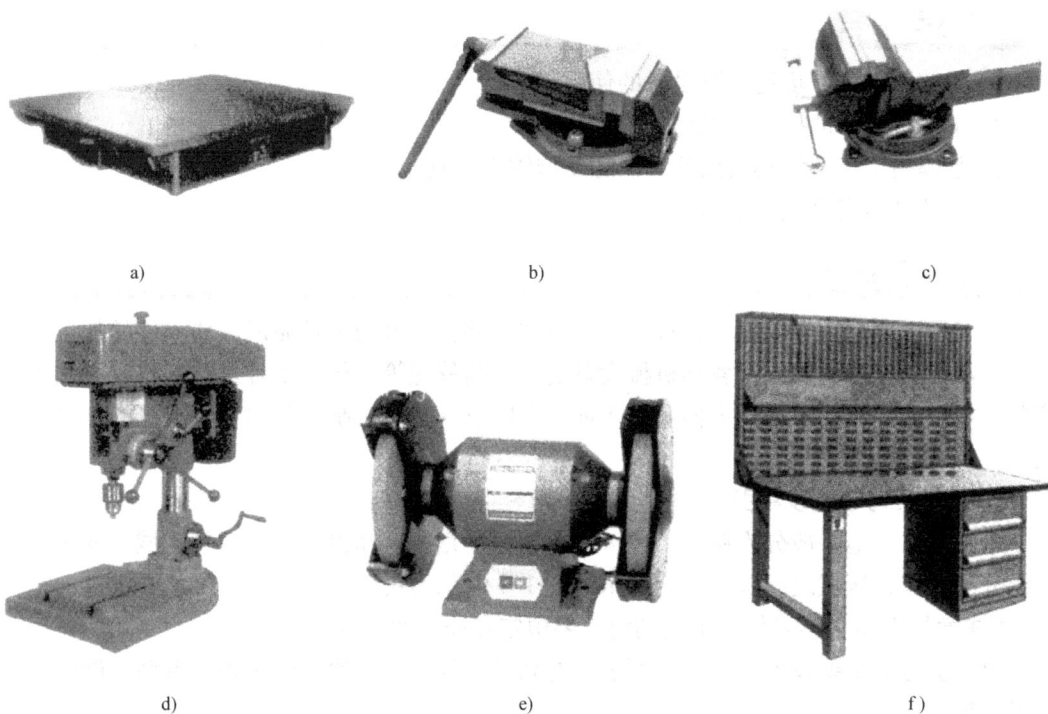

图 1-2　钳工实习的主要设备
a) 划线平板　b) 平口钳　c) 台虎钳　d) 台钻　e) 砂轮机　f) 钳工台

［注意］
① 工、量具不得混放。
② 摆放时，工具的柄部均不得超出钳工台面，以免被碰落砸伤人员或被损坏。
［说明］
① 工具均平行摆放，之间留有一定间隙。

② 工作时，量具均平放在量具盒上。

③ 量具数量较多时，可放在台虎钳的左侧。

3. 新型钳工工具

（1）螺钉旋具 螺钉旋具用于拧紧或松开头部形状不同的螺钉。除传统的螺钉旋具，新型的螺钉旋具有电动螺钉旋具（图1-4），气动螺钉旋具（图1-5）、扭力螺钉旋具（图1-6）等。

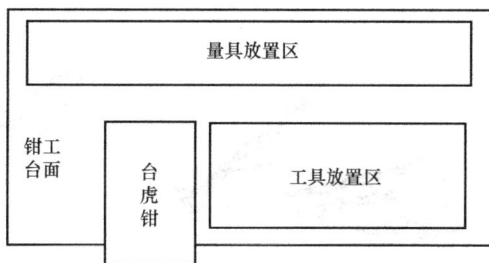

量具放置区	
钳工台面	量具放置区
台虎钳	工具放置区

图1-3 钳工台上工、量具的摆放

图1-4 电动螺钉旋具　　　　图1-5 气动螺钉旋具　　　　图1-6 扭力螺钉旋具

（2）扳手 扳手用于拧紧和松开多种规格的六角头或方头螺栓、螺钉或螺母。常用的扳手有活扳手、呆扳手、套筒扳手、内六角扳手等。新型的扳手有液压扳手（图1-7）、棘轮扳手（图1-8）、气动扳手（图1-9）、电动扳手（图1-10）、扭力扳手（图1-11）、万能扳手（图1-12）等。

图1-7 液压扳手　　　　图1-8 棘轮扳手　　　　图1-9 气动扳手

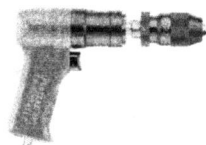

图1-10 电动扳手　　　　图1-11 扭力扳手　　　　图1-12 万能扳手

（3）钳子 钳子用于夹持或弯折薄形片、切断金属丝材及其他用途。常用的钳子有钢丝钳、弯嘴钳、尖嘴钳等。新型的钳子有紧线钳（图1-13）、铆钉钳（图1-14）、多功能钳子（图1-15）等。

图1-13 紧线钳

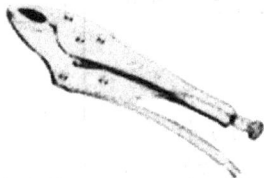

图1-14 铆钉钳

图1-15 多功能钳子

（4）钻孔工具 钻孔工具有电钻（图1-16）、磁座钻（图1-17）、气钻（图1-18）等。

图1-16 电钻

图1-17 磁座钻

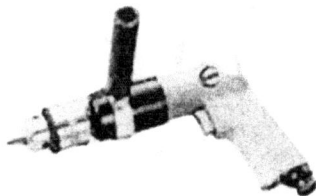

图1-18 气钻

（5）攻螺纹工具 攻螺纹工具有电动攻螺纹机（图1-19）、气动攻螺纹机（图1-20）等。

图1-19 电动攻螺纹机

图1-20 气动攻螺纹机

（6）切割、抛光工具 切割、抛光工具有电动切割机（图1-21）、电动磨光机（图1-22）、气砂轮机（图1-23）等。

图1-21 电动切割机

图1-22 电动磨光机

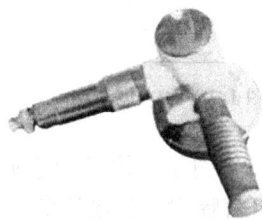

图1-23 气砂轮机

练习一 拆卸台虎钳

1. 台虎钳的结构

台虎钳是用来夹持工件的通用夹具，有固定式和回转式两种，如图 1-24 所示。其规格用钳口宽度来表示，常用规格有 100mm、125mm 和 150mm 等。

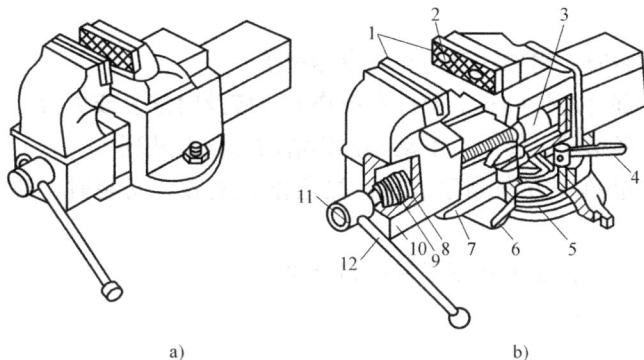

图 1-24 台虎钳

a）固定式 b）回转式

1—钳口 2—螺钉 3—螺母 4、12—手柄 5—夹紧盘 6—转盘座

7—固定钳身 8—挡圈 9—弹簧 10—活动钳身 11—丝杠

回转式台虎钳比固定式台虎钳多了一个底座，工作时钳身可在底座上回转。回转式台虎钳使用方便、应用范围广，可满足不同方位的加工需要。

2. 拆卸、维护台虎钳的步骤

拆卸、维护台虎钳的步骤见表 1-1。

表 1-1 拆卸、维护台虎钳的步骤

步 骤	操 作 内 容	备 注
1	逆时针转动手柄12，拆下活动钳身10	
2	拆去螺母3上的紧固螺钉，卸下螺母3	
3	逆时针转动两个手柄4，拆下固定钳身7	
4	清除台虎钳各部件上的金属碎屑和油污	固定钳身、螺母、丝杠等
5	检查各部件：检查挡圈8和弹簧9是否固定良好，检查钳口螺钉是否松动，检查丝杠11和螺母3的磨损情况，检查铸铁部件是否有裂纹	发现问题，应立即更换或调整
6	保养各部件：螺母3的孔内涂适量凡士林，钢件上涂防锈油	

练习二 组装台虎钳

组装台虎钳的步骤见表 1-2。

表1-2 组装台虎钳的步骤

步　骤	操作内容	备　注
1	将固定钳身7置于转盘座6上，插入两个手柄4，顺时针旋转，紧固固定钳身7	固定钳身上的左右两孔，应分别对准夹紧盘5上的螺孔
2	旋紧螺母3上的紧固螺钉，安装螺母3	
3	将活动钳身10推入固定钳身7中，顺时针转动手柄12，完成活动钳身的安装	

[注意]

① 拆装活动钳身时，需要注意防止其突然掉落。

② 对拆卸后的部件应作检查。部件有损伤的，应及时修复或更换。

③ 维护是指对各移动、转动、滑动部件作清洁和润滑处理。

④ 拆下的部件沿单一方向顺序放置，注意排放整齐。安装时，逆着拆卸时的顺序，后拆的部件先装。

⑤ 维护保养完成后，必须将钳工台打扫干净。

课题二　平面划线

学习目标

① 正确使用平面划线工具。

② 掌握常用平面划线方法。

知识学习

1. 划线工具的使用

所谓划线，是根据图样或实物的尺寸，在毛坯和工件上用划线工具划出加工轮廓线和点的操作。常用划线工具及其使用方法见表1-3。

表1-3 常用划线工具及其使用方法

工具名称	操作示意图	操作说明
金属直尺	 a)　　　　　b) c)	a）量取尺寸 b）测量工件 c）划线时的导向工具

（续）

工具名称	操 作 示 意 图	操 作 说 明
直角尺	a)　　　　b)　　　　c)	a）直角尺 b）划平行线 c）划垂直线
划线 平板		划线时的基准平面
游标 高度 卡尺		用于精密划线
划规		划圆及圆弧
划针	10°～20°　　15°～20° 前进方向 45°～75°	用划针划线时应使划针 向外倾斜 15°～20°，同时 向前进方向倾斜 45°～75°

（续）

工具名称	操作示意图	操作说明
样冲	 a)　　　　　　b)	a）先将样冲外倾对准位置 b）再将样冲直立冲点
V形铁	V形铁　划针盘	在轴类零件上划圆心线

2. 平面划线的一般步骤

1）熟悉图样，选定划线基准，如图1-25、图1-26、图1-27所示。

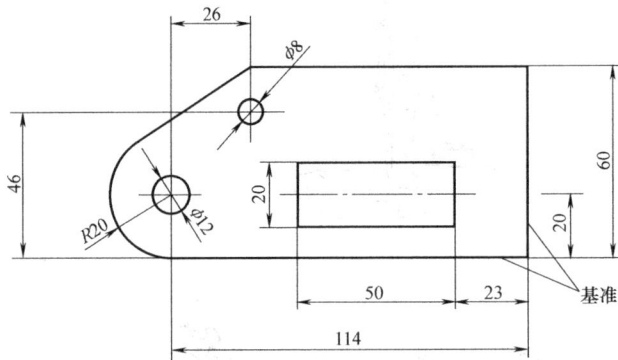

图1-25　以两个相互垂直的平面作为划线基准

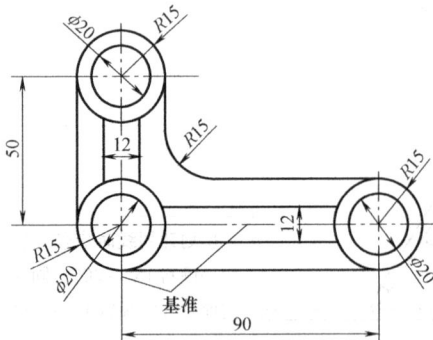

图1-26　以两条相互垂直的中心线作为划线基准

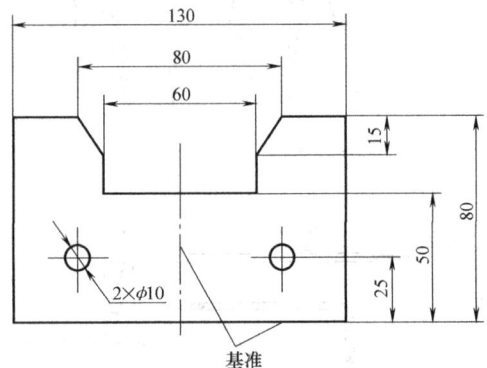

图1-27　以一条中心线和与它垂直的平面作为划线基准

2）准备划线工具。

3）工件表面涂色。

4）合理安排划线基准在工件上的位置，并首先划出基准线。

5）划出其他尺寸线。

6）对划线图样复检校对，无误后在所划的线条上冲点作为标记。

技能训练

练习一 以相互垂直的两个平面作为基准的平面划线

1. 零件图

读懂图1-28所示零件图，按图样尺寸要求划线。

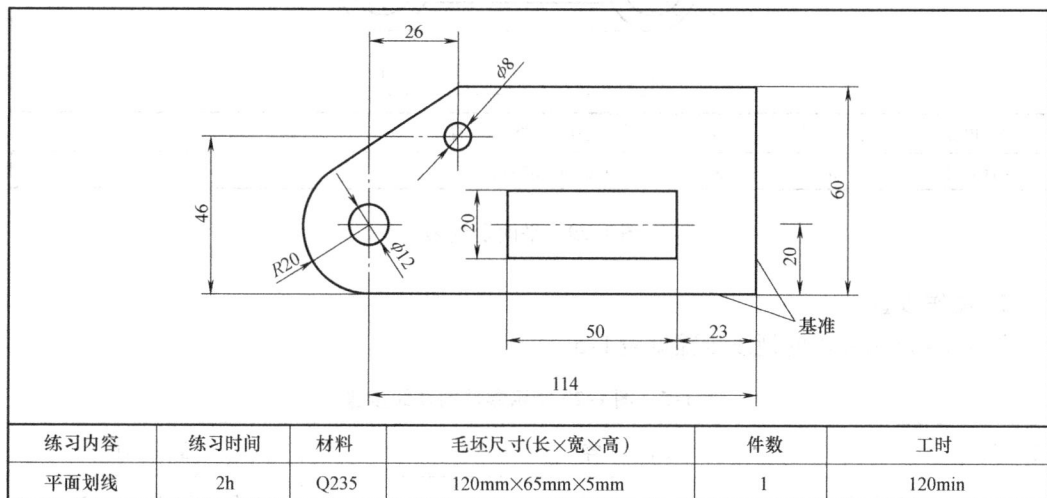

练习内容	练习时间	材料	毛坯尺寸（长×宽×高）	件数	工时
平面划线	2h	Q235	120mm×65mm×5mm	1	120min

图1-28 平面划线①

2. 操作步骤

图1-28所示零件的划线步骤见表1-4。

表1-4 图1-28所示零件的划线步骤

步　骤	操作内容	备　注
1	熟悉图样，选定划线基准	基准选择合理
2	工件表面涂色	涂色薄而均匀
3	划水平基准线，在基准线一侧20mm、46mm、60mm、30mm（20mm＋10mm）、10mm（20mm－10mm）处划水平线	基准线、尺寸线清晰、无重线，尺寸上下偏差为±0.4mm
4	划垂直基准线，在基准线一侧23mm、50mm、88mm（114mm－26mm）、114mm处划垂直线	
5	圆心冲点，划ϕ8mm、ϕ12mm圆，划R20的圆弧，划斜线与R20mm圆弧相切	斜线、圆弧连接光滑，冲点位置分布合理、深浅适当
6	切点、交点、所有的划线冲点	

练习二 以两条相互垂直的中心线为基准的平面划线

1. 零件图

读懂图 1-29 所示零件图, 按图样尺寸要求划线。

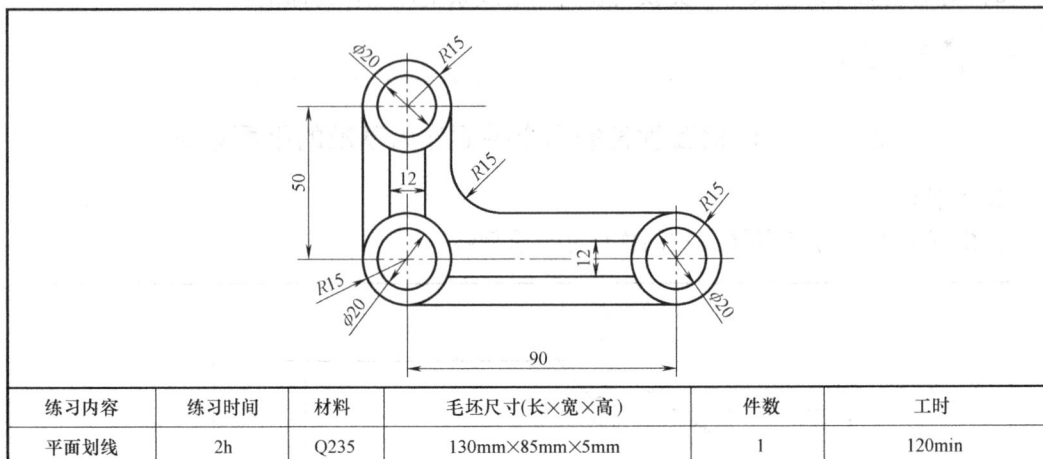

练习内容	练习时间	材料	毛坯尺寸(长×宽×高)	件数	工时
平面划线	2h	Q235	130mm×85mm×5mm	1	120min

图 1-29 平面划线②

2. 操作步骤

图 1-29 所示零件的划线步骤见表 1-5。

表 1-5 图 1-29 所示零件的划线步骤

步 骤	操 作 内 容	备 注
1	熟悉图样, 选定划线基准	基准选择合理
2	工件表面涂色	涂色薄而均匀
3	划两条相互垂直的中心线	基准线位置适当
4	划尺寸为 50mm、12mm 的水平线, 划尺寸为 90mm、12mm 的垂直线	尺寸线清晰、无重线, 尺寸上下偏差为 ±0.4mm; 圆弧连接光滑
5	以交点为圆心划 3×φ20mm、3×R15mm 圆, 连接切点并划出 R15mm 的圆弧	
6	切点、交点、所有的划线冲点	冲点位置分布合理、深浅适当

练习三 以一条中心线和与它垂直的平面为基准的平面划线

1. 零件图

读懂图 1-30 所示零件图, 按图样尺寸要求划线。

2. 操作步骤

图 1-30 所示零件的划线步骤见表 1-6。

练习内容	练习时间	材料	毛坯尺寸(长×宽×高)	件数	工时
平面划线	2h	Q235	135mm×85mm×5mm	1	120min

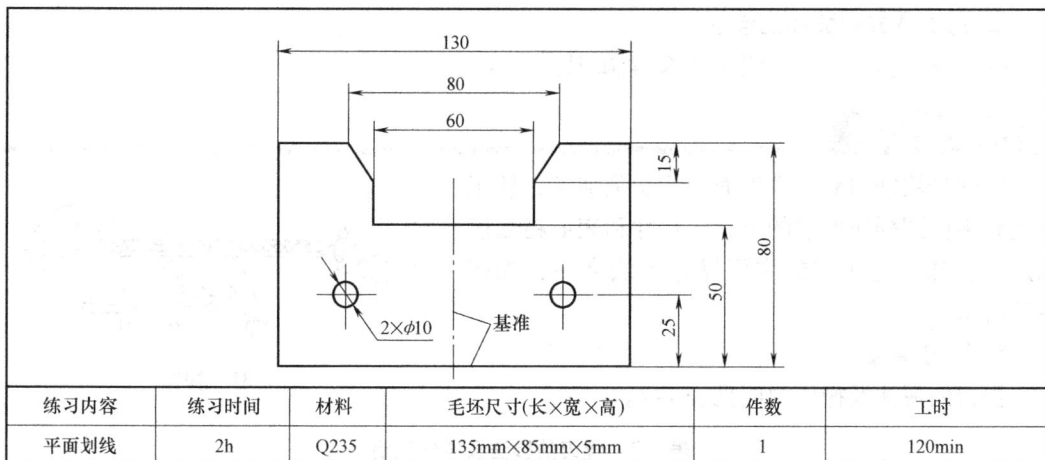

图 1-30 平面划线③

表 1-6 图 1-30 所示零件的划线步骤

步 骤	操 作 内 容	备 注
1	熟悉图样，选定划线基准	基准选择合理
2	工件表面涂色	涂色薄而均匀
3	划水平基准线，在水平基准线一侧 25mm、50mm、80mm、65mm（80mm－15mm）处划水平线	基准线位置适当，尺寸线清晰、无重线，尺寸上下偏差为±0.4mm
4	划中心基准线，在中心基准线两侧 30mm、40mm、65mm 处划垂直线	
5	划 2×ϕ10mm 圆周线	
6	连接 80mm 水平线与 40mm 垂直线得到交点，连接 65mm 水平线与 30mm 垂直线得到交点，两交点间划斜线	
7	切点、交点、所有的划线冲点	冲点位置分布合理、深浅适当

[注意]

① 为熟悉各图形的作图方法，实习操作前可在纸上练习。

② 必须掌握划线工具的正确使用方法。

③ 学习的重点是如何保证划线尺寸的准确性、如何使划出的线条细而清晰及如何保证冲点的准确性。

④ 工具要合理摆放。

⑤ 工件划线后，必须仔细复检校对。

课题三 锉 削

学习目标

① 初步掌握平面锉削的姿势与方法。

② 初步掌握圆弧面的锉削。

③ 了解锉削时的文明生产与安全知识。

知识学习

锉削是用锉刀对工件表面进行切削加工，使工件达到零件图样所要求的形状、尺寸和表面粗糙度的加工方法，是钳工的主要操作方法之一，如图1-31所示。

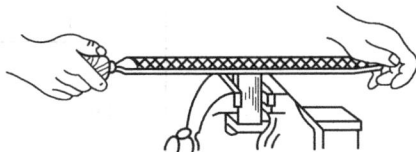

1. 锉刀握法

锉刀的握法及操作说明见表1-7。

图1-31　锉削

表1-7　锉刀的握法及操作说明

内　容	操作示意图	操作说明
锉刀握法	a)　　b)　　c)	规格大于250mm扁锉的握法如下。右手紧握锉刀柄，柄端抵在拇指根部的手掌上，大拇指放在锉刀柄上部，其余手指由下而上地握住锉刀柄；左手的基本握法是将拇指处的肌肉部分压在锉刀头上，拇指自然伸直，其余四指弯向手心，用中指、无名指捏住锉刀前端。右手推动锉刀，左手协同右手使锉刀保持平衡

2. 姿势动作

锉削的操作示意图及操作说明见表1-8。

表1-8　锉削的操作示意图及操作说明

内　容	操作示意图	操作说明
站立姿势	45°　30°　75°	左臂弯曲，小臂与工件锉削面的左右方向基本平行，右小臂与工件锉削面的前后方向保持平行

（续）

内　容	操作示意图	操作说明
锉削动作		开始锉削时身体略前倾。锉削时身体先于锉刀前倾，右脚伸直，左膝呈弯曲状，重心落在左脚。当锉刀锉至行程将结束时，两臂继续锉削行程，同时，左腿自然伸直顺势将锉刀收回，身体重心后移。当锉刀收回时一次锉削行程结束，身体又先于锉刀前倾，作第二次锉削运动
锉削力的控制		锉削行程中必须使锉刀始终作直线运动。推进时右手压力要随锉刀的推进而逐渐增加，左手压力则要逐渐减小，回程不加压力。锉削速度一般为每分钟40次左右
平面锉削	 a)　　　　　b)　　　　　c)	a）交叉锉：锉刀运动方向与工件夹持方向成一定角度，一般用于粗锉 b）直锉：锉刀运动方向与工件夹持方向始终一致，用于精锉 c）推锉：锉刀运动方向与工件夹持方向垂直，用于细长工件表面和台阶面的锉削及修光
平面度的质量检查	 a)　　　　　b)　　　　　c)	沿工件的纵向、横向、对角线方向多处逐一用透光法检查。不透光或微弱透光则该平面是平直的，反之，该平面不平
外圆弧面的锉削	 a)　　　　　　　　b)	a）顺着圆弧面锉：锉削时，锉刀向前，右手下压，左手上提，同时绕工件圆弧中心转动。此方法适用于精锉圆弧面 b）横着圆弧面锉：锉削时，推动锉刀直线运动的同时随工件作圆弧摆动。此方法适用于圆弧面的粗加工

（续）

内　容	操作示意图	操作说明
内圆弧面的锉削		用圆锉或半圆锉锉削。锉刀作直线运动的同时绕锉刀中心转动，并向左作微小移动
检查圆弧用半径样板		半径样板由多个薄片组合而成，薄片制作成不同半径的凹圆弧或凸圆弧
用直角尺检查工件垂直度	a)　　　　　b)	使用时，先将尺座紧贴工件基准面，然后将角尺轻轻向下移动，使测量面与被测工件表面接触。目测透光情况，判断工件的垂直度

3. 锉齿的选用

锉齿的选用见表1-9。

表1-9　锉齿的选用

锉纹号	锉齿	适用场合			适用对象
		加工余量/mm	尺寸精度/mm	表面粗糙度 Ra/μm	
1	粗	0.5～1	0.2～0.5	100～25	粗加工或加工非铁金属
2	中	0.2～0.5	0.05～0.2	12.5～6.3	半精加工
3	细	0.05～0.2	0.01～0.05	6.3～3.2	精加工或加工硬金属
4	油光	0.025～0.05	0.005～0.01	3.2～1.6	精加工时修光表面

技能训练

练习一　平面锉削

1. 零件图

按图1-32所示零件图样的要求，锉削零件平面至尺寸要求。

2. 操作步骤

图1-32所示零件的平面锉削步骤见表1-10。

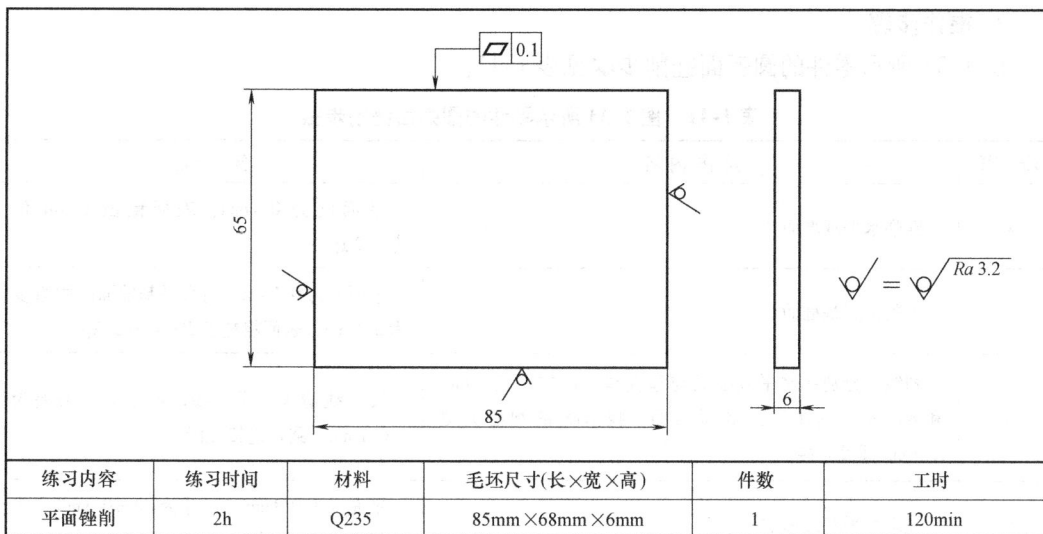

图 1-32 平面锉削

表 1-10 图 1-32 所示零件的平面锉削步骤

步 骤	操 作 内 容	备 注
1	锉削姿势练习	姿势动作正确协调
2	工、量具的使用	工、量具使用正确、摆放合理
3	平面锉削	保证平面度在 0.1mm 以内,表面粗糙度 $Ra \leq 3.2 \mu m$

练习二 圆弧面锉削

1. 零件图

按图 1-33 所示零件图样要求完成相关表面的锉削加工。

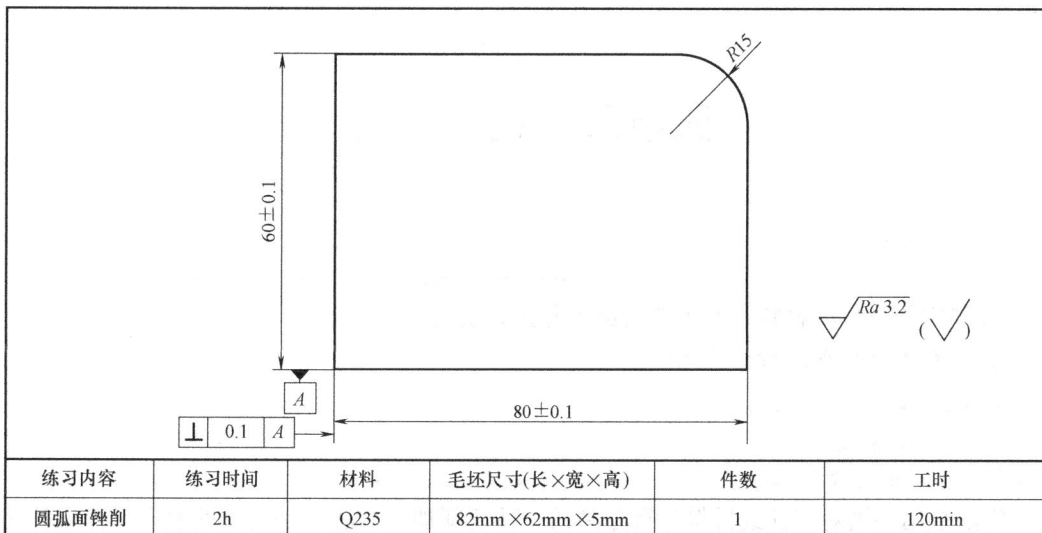

图 1-33 圆弧面锉削

2. 操作步骤

图 1-33 所示零件的圆弧面锉削步骤见表 1-11。

表 1-11　图 1-33 所示零件的圆弧面锉削步骤

步　骤	操　作　内　容	备　注
1	锉削水平基准面 A	平面度为 0.1mm，表面粗糙度 Ra 值为 3.2μm
2	锉削垂直基准面	平面度为 0.1mm，与水平基准面的垂直度为 0.1mm，表面粗糙度 Ra 值为 3.2μm
3	划线：分别在水平基准面与垂直基准面的一侧 60mm 和 80mm 处划水平线和垂直线，找 R15 的圆心并划 R15mm 圆弧连接	尺寸线清晰、无重线，尺寸上下偏差为 ±0.1mm，圆弧连接光滑
4	锉削水平基准面的平行面	平面度为 0.1mm，尺寸为 80±0.1mm，表面粗糙度 Ra 值为 3.2μm
5	锉削垂直基准面的平行面	平面度为 0.1mm，尺寸为 60±0.1mm，表面粗糙度 Ra 值为 3.2μm
6	锉削圆弧面	R15mm 圆弧面及圆弧面与平面的连接要光滑

[注意]

① 正确的姿势是掌握锉削技能的基础，因此必须练好。

② 平面锉削的要领是，锉削时要保持锉刀的直线运动。因此，在练习时要注意锉削力的正确运用。

③ 锉圆弧时，锉刀上翘下摆的幅度要大，才易于锉圆。

④ 没有装柄的锉刀、锉刀柄开裂的锉刀不能使用。

⑤ 不能用嘴吹锉屑，也不能用手擦摸锉削表面。

⑥ 工、量具要正确使用、合理摆放，做到文明生产。

课题四　锯　　削

学习目标

① 能根据工件的材料和形体选用锯条并正确安装。

② 能对不同材料进行正确锯削。

③ 做到安全、文明操作。

知识学习

锯削是用手锯对工件或材料进行分割的一种切削加工方法，是钳工的主要操作方法之一。锯削的工具是手锯。手锯由锯弓和锯条组成：锯弓用于安装锯条，锯条用来直接锯削

材料或工件。

1. 锯条的选用

锯条的选用方法见表1-12。

表1-12 锯条的选用

锯齿规格	应 用
粗齿（1.8mm）	锯削软钢、黄铜、铝、铸铁等
中齿（1.4mm）	锯削中等硬度钢，厚壁的铜管、钢管
细齿（1mm）	锯削工具钢、薄壁管、薄板材、角铁

2. 锯条的安装

手锯锯条的正确安装方法见表1-13。

表1-13 手锯锯条的正确安装方法

内容	操作示意图	操作说明
锯条安装方法	 正确　　　　不正确	应做到锯条齿尖朝前，用手扳动锯条时有硬实感（松紧适当），锯条平面与锯弓中心平面共面

3. 锯削操作

锯削的正确操作见表1-14。

表1-14 锯削的正确操作

内容	操作示意图	操作说明
工件安装		工件一般应夹在台虎钳的左面，以方便操作。锯削线应与钳口垂直，且离钳口不应太远
起锯方法	 正确 起锯角度约为10°　起锯角度约为10°　起锯角度过大碰落锯齿 不正确	一般采用远起锯，并用左手拇指靠稳锯条，使锯条正确地锯在所需的位置上。起锯角度约为10°左右，当锯条切入工件2～3mm时进入正常锯削

(续)

内容	操作示意图	操作说明
锯削姿势		手锯握法如下。右手握锯柄，控制锯削推力和压力；左手轻扶锯弓前端，配合右手扶正手锯 锯削姿势如下。锯削时的站立位置和身体摆动姿势与锉削相似。锯条前推时，向下施加压力以实行切削；锯条退回时，稍向上提起锯条以减少锯条的磨损。运锯速度一般以 20～40 次/min 为宜

4. 常用型材的锯削

常用型材的锯削方法见表 1-15。

表 1-15 常用型材的锯削方法

内容	操作示意图	操作说明
常用型材的锯削方法	 管子的装夹　　正确　　错误 木板 薄板材 薄板材的锯削	① 棒料的锯削：应从开始连续锯到结束 ② 管子的锯削：锯削薄壁管子时应先在一个方向锯到管子内壁处，然后把管子转过一定角度，并连接原锯缝再锯到管子内壁处，再转过一定角度，直到锯断为止。 ③ 薄板材的锯削：锯削时尽可能从宽面上锯下去；如果要从窄面上锯下去，可用两块木板夹持，连同木板一起锯下

技能训练

练习　型材的锯削

1. 零件图

根据图 1-34 和图 1-35 图样的要求，完成相关型材的锯削任务。

2. 操作步骤

图 1-34 和图 1-35 所示零件的锯削步骤见表 1-16。

练习内容	练习时间	材料	毛坯尺寸(长×宽×高)	件数	工时
板材锯削	1h	Q235	90mm×75mm×6mm	1	30min

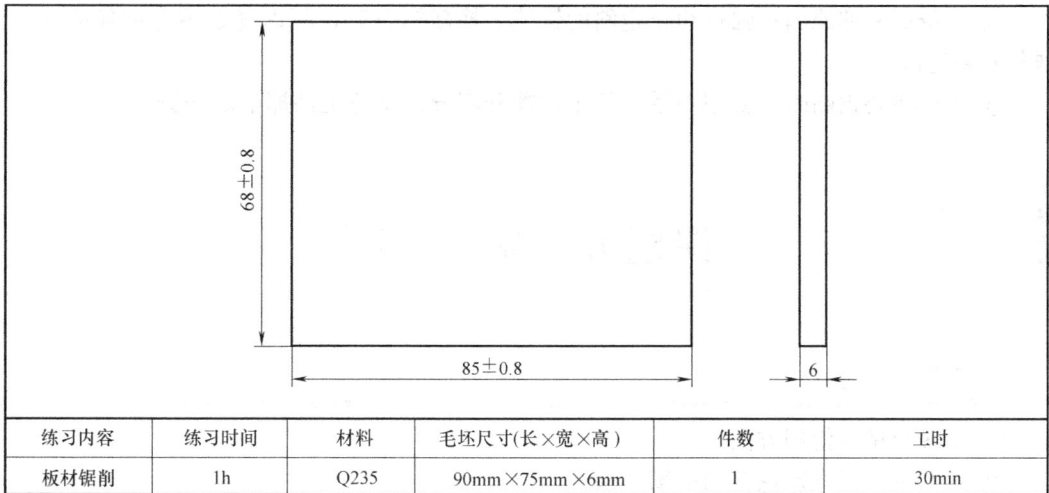

图 1-34 板材锯削

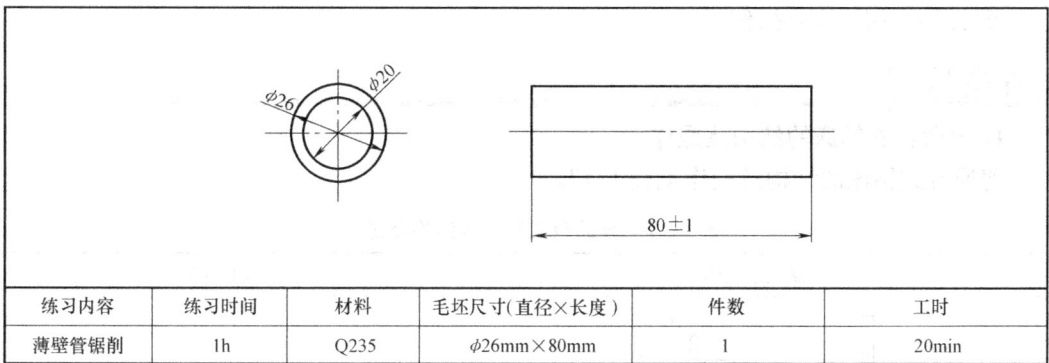

练习内容	练习时间	材料	毛坯尺寸(直径×长度)	件数	工时
薄壁管锯削	1h	Q235	ϕ26mm×80mm	1	20min

图 1-35 薄壁管锯削

表 1-16 图 1-34 和图 1-35 所示零件的锯削步骤

步 骤	操 作 内 容	备 注
1	安装锯条	齿尖方向正确，锯条锯弓共面，锯条松紧恰当
2	夹持工件	装夹方法正确
3	起锯	起锯位置正确，偏差小于2mm，起锯角度大小合适
4	锯削	锯削姿势正确
5	锯削工件：使板材尺寸为（68±0.8）mm×（85±0.8）mm，管子长度为尺寸（80±1）mm	锯削断面纹路整齐

[注意]

① 锯削时，注意工件的夹持及锯条的安装是否正确。

② 起锯时，注意起锯角度大小是否正确、锯削时的摆动姿势是否自然。

③ 随时注意锯缝是否平直，发现不平直时及时纠正。

④ 锯条折断的原因：强行纠正歪斜的锯缝，换新锯条后在原锯缝处用力过猛地锯下，锯条安装过松。

⑤ 工件将要锯断时，要用左手扶住工件断开部分，避免工件掉下砸伤脚。

课题五　钻　　孔

学习目标

① 了解台钻的使用方法。

② 基本掌握标准麻花钻的刃磨方法。

③ 掌握钻孔时工件的几种基本装夹方法及转速的选择方法。

④ 掌握划线钻孔的方法。

⑤ 做到文明、安全操作。

知识学习

1. 普通台式钻床的结构及操作

普通台式钻床的结构及操作见表1-17。

表 1-17　普通台式钻床的结构及操作

结构示意图	操作说明
　1—主轴　2—头架　3—塔式带轮　4—升降手柄　5—电器开关　6—电动机　7—调节螺钉　8—立柱　9—锁紧手柄　10—进给手柄	① 传动变速：操纵电器开关5，能使主轴1正转、反转、起动或停止。改变传送带在塔式带轮3上的位置可得到不同的转速。主轴进给运动用手操纵进给手柄10来控制 ② 钻轴头架的升降调整：先松开锁紧手柄9，转动升降手柄4使头架2升降到所需位置，再将其锁紧

2. 钻头的拆装

钻孔用麻花钻分直柄和锥柄两种形式，其拆装方法见表1-18。

表1-18　钻头的拆装

操作示意图	操作说明
a)　　b)　　c)	a) 直柄钻头用钻夹头夹持。用钻夹头钥匙转动钻夹头旋转外套，可作夹紧或放松动作。钻头夹持长度不能小于15mm b) 锥柄钻头的安装，是将柄部锥体与钻床主轴锥孔直接联接，需要利用加速冲力一次装接。联接前必须将钻头锥柄及主轴锥孔擦干净，且使矩形舌部的方向与主轴上的腰形孔中心线方向一致 c) 锥柄钻头的拆卸，是用斜铁敲入钻头套或钻床主轴上的腰形孔内。斜铁的直边要放在上方，利用斜边的向下分力，使钻头与钻头套或主轴分离

3. 钻孔操作

在零件上钻孔的工艺步骤参见表1-19。

表1-19　钻孔的工艺步骤

内　容	操作示意图	操作说明
钻孔时的工件划线	a)　　b)	钻孔前先按孔的位置、尺寸要求，划出孔位的十字中心线，并打上中心样冲眼。按孔的大小划出的孔的圆周线作为钻孔时的检查线。然后将中心样冲眼敲大，以便准确落钻定心
工件装夹	a)　　b)　c)　　d)	根据工件形状及钻削力的大小，采用不同的装夹方法以保证钻孔的质量和安全。常用的基本装夹方法如左图所示 a) 手虎钳夹持工件 b) 机用平口钳夹持工件 c) V形块夹持工件 d) 压板夹持工件

（续）

内　容	操作示意图	操作说明
起钻	 检查样冲眼　检查圆 钻偏的坑　检查圆 錾出三条槽 钻孔前　钻出的孔　钻孔后 a)　　　　　b)	a）钻孔时，先将钻头对准孔中心样冲眼钻一浅坑，观察其与划出的圆周线是否同心，如左图 a b）钻偏的纠正方法。如稍有偏离，可用样冲将中心冲大矫正或移动工件矫正；如偏离较多，可用窄錾在偏斜的相反方向錾几条槽再钻，便可以逐渐将偏斜部分矫正过来，如左图 b

钻孔时高速钢钻头的切削速度见表 1-20。

表 1-20　高速钢钻头的切削速度

工 件 材 料	切削速度 $v/\mathrm{m \cdot min^{-1}}$	备　　注
铸铁	14 ~ 22	当钻头直径较小时，v 取较小值；当工件材料的硬度和强度较高时，v 取较小值
钢件	16 ~ 24	
青铜或黄铜	30 ~ 60	

4. 冷却与润滑

钻孔时要加注足够的切削液，从而可以减摩、降热、提高加工质量及钻头寿命等。钻各种材料时选用的切削液见表 1-21。

表 1-21　钻各种材料时选用的切削液

工 件 材 料	切　削　液
各类结构钢	3% ~5% 乳化液、7% 硫化乳化液
不锈钢、耐热钢	3% 肥皂加 2% 亚麻油水溶液、硫化切削油
纯铜、黄铜、青铜	5% ~8% 乳化液
铸铁	可不用，或用 5% ~8% 乳化液、煤油
铝合金	可不用，或用 5% ~8% 乳化液、煤油、煤油与菜油的混合油
有机玻璃	5% ~8% 乳化液、煤油

注：表中百分数均为质量分数。

技能训练

练 习　钻　孔

1. 零件图

按图 1-36 的要求，钻 4 × ϕ6mm 孔。

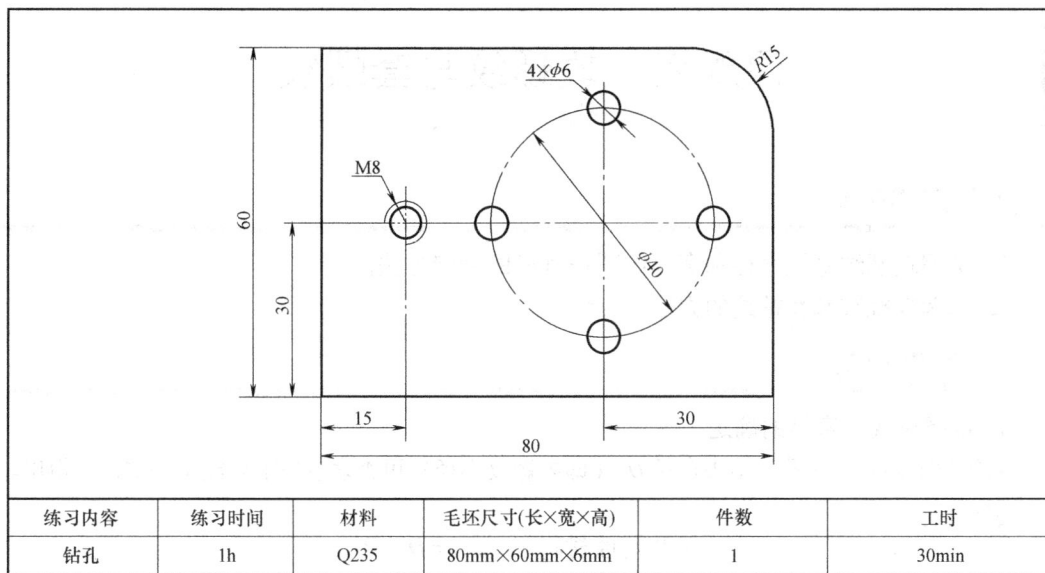

练习内容	练习时间	材料	毛坯尺寸(长×宽×高)	件数	工时
钻孔	1h	Q235	80mm×60mm×6mm	1	30min

图 1-36　钻孔

2. 操作步骤

图 1-36 所示零件的钻孔步骤见表 1-22。

表 1-22　图 1-36 所示零件的钻孔步骤

步骤	操作内容	备注
1	按图样要求位置和尺寸划 4×ϕ6mm 孔的中心线	划线准确，每个尺寸偏差小于 0.6mm
2	在 4×ϕ6mm 孔的中心线上打上中心样冲眼，按孔的大小划出孔的圆周线	样冲眼大小适当、位置准确
3	先用钻头对准中心样冲眼钻出一浅坑，并观察浅坑与划线圆是否同轴。如果不同轴，及时纠正	起钻钻出的浅坑与划线圆周线同轴
4	达到钻孔位置要求后，压紧工件手动进给完成钻孔	工件装夹安全、正确，孔径尺寸偏差不大于 0.1mm，表面质量好
5	质量检查	孔的质量及位置应符合图样要求

[注意]

① 操作钻床时不准戴手套，女生必须戴工作帽。

② 工件必须夹紧，孔将钻穿时进给力要小。

③ 钻孔时产生的切屑不可用棉纱或嘴吹来清除，必须用毛刷或钩子来清除。

④ 严禁在开车状态下拆装工件，停车时不可用手去刹住主轴。

⑤ 钻小孔时进给力要小，钻深孔时要经常退钻排屑。

⑥ 起钻坑位置不正确的校正，必须在锥坑外圆小于钻头直径之前完成。

课题六　攻螺纹与套螺纹

学习目标

① 掌握攻螺纹底孔直径和套螺纹圆杆直径的确定方法。

② 掌握攻螺纹和套螺纹的方法。

知识学习

1. 攻螺纹底孔直径的确定

攻螺纹前需要钻底孔。钻头直径 D_1（即内螺纹小径）可查表或按下列经验公式计算得出。

经验公式：

$$钢和韧性材料　D_1 = D - P$$

$$铸铁和脆性材料　D_1 = D - (1.05 \sim 1.1)P$$

式中　D_1——底孔直径，单位为 mm；

　　　D——螺纹公称直径，单位为 mm；

　　　P——螺距，单位为 mm。

2. 不通孔螺纹的钻孔深度

钻孔深度按下式计算：

$$L = l + 0.7D$$

式中　L——钻孔深度，单位为 mm；

　　　l——螺纹有效长度，单位为 mm；

　　　D——螺纹公称直径，单位为 mm。

3. 攻螺纹、套螺纹的方法

为确保螺纹加工的质量，攻螺纹、套螺纹操作必须按一定的工艺进行，具体操作过程参见表1-23。

表1-23　攻螺纹、套螺纹操作

内　容	操作示意图	操作说明
丝锥及攻螺纹方法		用丝锥加工内螺纹的方法称为攻螺纹。丝锥由工作部分和柄部两部分构成，如左图a所示 攻螺纹方法如下 ① 按螺纹底孔直径、深度钻底孔 ② 用略大于螺纹大径的钻头对孔口倒角 ③ 用头锥起攻。起攻时，用右手握住铰杠中间，沿丝锥轴线用力加压。左手配合将铰杠作顺向旋进。当丝锥攻入1~2圈时，及时目测丝锥与工件是否垂直，并不断纠正至要求 ④ 当丝锥切削部分进入工件后，就不需施加压力，两手可平稳地继续转动铰杠，并要经常倒转1/4~1/2圈，使切屑碎断，从而易于排除，如左图b所示

（续）

内容	操作示意图	操作说明
板牙及套螺纹方法	a) b)	用板牙加工外螺纹的方法称为套螺纹。板牙外形像圆螺母，如左图a所示 套螺纹方法如下 ① 加工完圆杆，端部倒角成锥半角为15°～20°的锥台 ② 用V形铁或厚铜片衬垫夹紧圆杆 ③ 起套时轴向加压力，并保证板牙端面与圆杆轴线垂直。当板牙切入圆杆2～3牙时，不用加压，只需用双手均匀转动板牙架，并经常倒转，以利于断屑，直到套螺纹完成，如左图b所示

技能训练

练习一 攻 螺 纹

1. 零件图

按图1-37所示零件图样要求，加工通孔螺纹M6、M8、M10和不通孔螺纹M12▽15。

练习内容	练习时间	材料	毛坯尺寸(长×宽×厚)	件数	工时
攻螺纹	1h	HT200	刨60mm×60mm×25mm	1	60min

图1-37 攻螺纹

2. 操作步骤

图1-37所示零件螺纹加工的步骤见表1-24。

表1-24　图1-37所示零件螺纹加工的步骤

步　骤	操作内容	备　注
1	按图划 M12、M10、M8、M6 的底孔加工线	划线位置正确，每个尺寸偏差小于 0.6mm
2	钻 M12、M10、M8、M6 底孔，其中 M6、M8、M10 底孔钻通，M12 底孔钻深仅为 15mm	钻孔位置正确，保证 M12 底孔的深度
3	各螺纹底孔的孔口倒角，通孔两端倒角	孔口倒角合适
4	攻 M10、M8、M6、M12 螺纹	螺纹无歪斜，M12 的螺纹深度到位，各螺纹无烂牙、滑牙
5	质量检查	螺纹的质量及位置应符合图样要求

练习二　套　螺　纹

1. 零件图

按图 1-38 所示零件要求，套螺纹加工一双头螺柱。

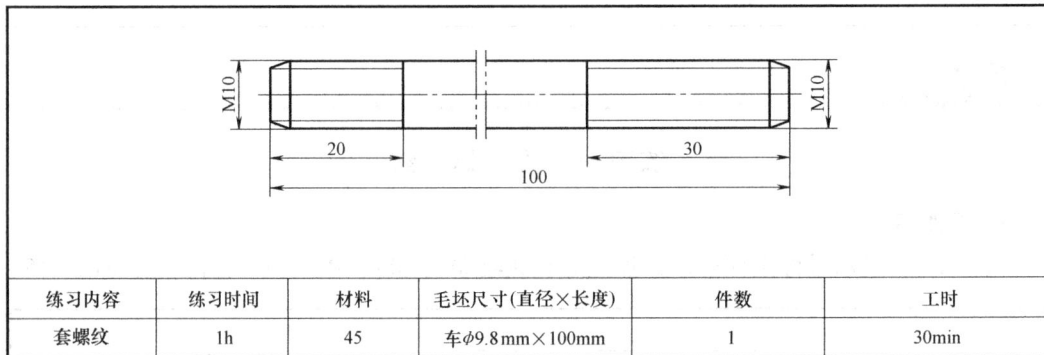

练习内容	练习时间	材料	毛坯尺寸(直径×长度)	件数	工时
套螺纹	1h	45	车ϕ9.8mm×100mm	1	30min

图 1-38　套螺纹

2. 操作步骤

图 1-38 所示零件螺纹的加工步骤见表 1-25。

表1-25　图1-38所示零件螺纹的加工步骤

步　骤	操作内容	备　注
1	用 V 形铁夹紧圆杆	圆杆夹紧可靠
2	套 M10 螺纹	螺纹无烂牙、歪斜
3	质量检查	

[注意]

① 用等径丝锥攻公称直径为 12mm 及以下通孔螺纹时，可用头攻丝锥一次加工完毕。公称直径大于 12mm 的螺纹则必须用头锥、二锥、三锥的顺序依次攻削。

② 攻不通孔螺纹时，应在丝锥上作深度标记，并经常退出丝锥清除切屑。

③ 起攻、起套时，要从两个方向进行垂直度的及时校正。这是保证攻螺纹、套螺纹质量的重要一环。

④ 攻、套韧性材料时，要加注切削液。

⑤ 攻、套螺纹时要经常倒转以断屑。

⑥ 攻螺纹底孔直径太小、套螺纹圆杆直径太大，均会引起烂牙。

课题七 制作锤子

学习目标

① 巩固划线、锉削、锯削、钻孔，学习热处理及测量等基本技能。

② 能正确运用学过的钳工基本技能加工指定的工件。

③ 做到安全、文明生产。

技能训练

将毛坯为 φ30mm×90mm 的圆钢（两端面为车削面，无需加工），制作成如图 1-39 所示的零件。

训练时，将制作锤子分为锯、锉长方体，精锉长方体，锯、锉斜面及倒角，锉削圆弧面，钻孔，孔口倒角、抛光及淬火处理等步骤进行练习。

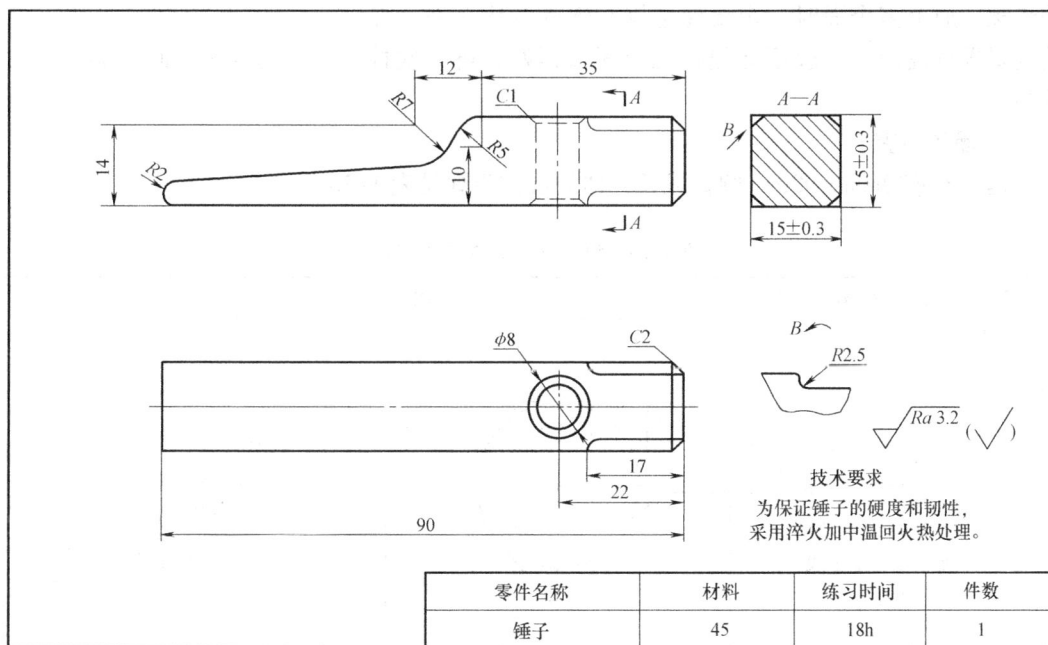

技术要求

为保证锤子的硬度和韧性，采用淬火加中温回火热处理。

零件名称	材料	练习时间	件数
锤子	45	18h	1

图 1-39 锤子

练习一 锯、锉长方体

1. 零件图

将毛坯为 $\phi30mm \times 90mm$ 的圆钢锯、锉成图 1-40 所示的长方体。

练习内容	练习时间	毛坯尺寸(直径×长度)	材料	工时	件数
锯、锉长方体	6h	$\phi30mm \times 90mm$	45	360min	1

图 1-40 长方体

2. 工艺分析

1）毛坯尺寸 $\phi30mm \times 90mm$，两端面为车削表面。

2）因两端面为车削表面，无需加工，故只考虑加工四个侧面。四个侧面的加工顺序如图 1-41 所示。图中双点画线表示将要加工出的形状。

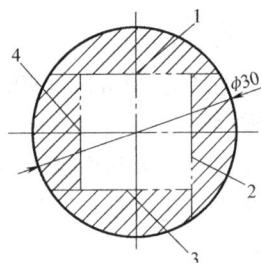

图 1-41 加工步骤

每一个面的加工都应按照先划线、再锯削、最后锉削的步骤。加工多个面时一定要注意锯与锉的顺序关系。在精度要求较高时，一般不能先把几个面都锯好，再一次性锉削。

3. 操作步骤

锯、锉 $\phi30mm \times 90mm$ 圆钢成长方体的操作步骤见表 1-26。

表 1-26 锯、锉长方体操作步骤

步骤	加工内容	图示
1	毛坯放置在 V 形铁上，用游标高度卡尺按高度 h 划第一加工面的加工线，并打样冲眼	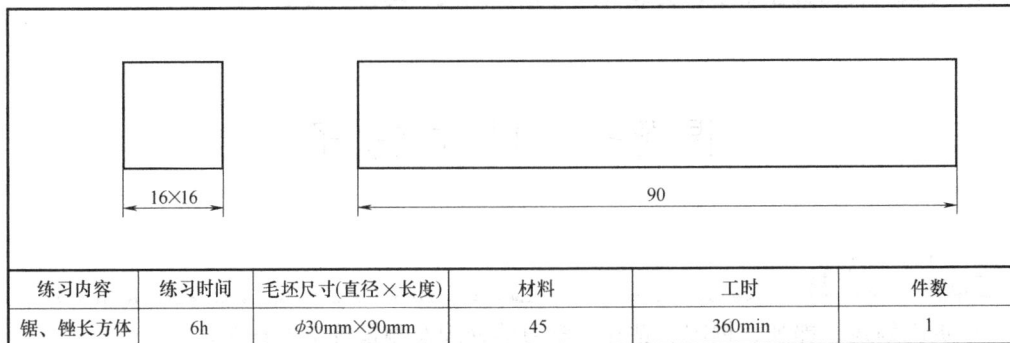 因为 $h = H - x$, $x = D/2 - L/2$ 其中 $D = 30mm$, $L = 16mm$ 所以 $h = H - (D/2 - L/2)$ $= H - \left(\dfrac{30mm}{2} - \dfrac{16mm}{2}\right)$ $= H - 7mm$

（续）

步 骤	加工内容	图 示
2	锯削第一个平面 锉削第一个平面	锯削位置 φ30 24 16；锉削到的位置 φ30 23 16 16
3	工件放置在平板上，并以第一面靠住 V 形铁，用游标高度卡尺量取高度 h = 23mm，划第二加工面的加工线，打样冲眼	23；h L/2 D/2；划线高度尺寸 $h = D/2 + L/2$ $= \dfrac{30\text{mm}}{2} + \dfrac{16\text{mm}}{2}$ $= 23\text{mm}$
4	锯削第二个平面 锉削第二个平面	锯削位置 16 φ30 24；锉削到的位置 16 16 23
5	工件放置在平板上，用游标高度卡尺划第三、第四加工面的加工线，并打样冲眼	16 16
6	锯削第三个平面 锉削第三个平面	16 17 锯削位置；16 16 锉削到的位置

29

（续）

步　骤	加工内容	图　　示
7	锯削第四个平面 锉削第四个平面 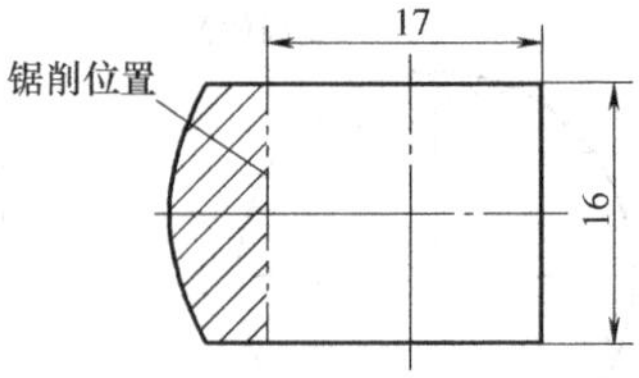 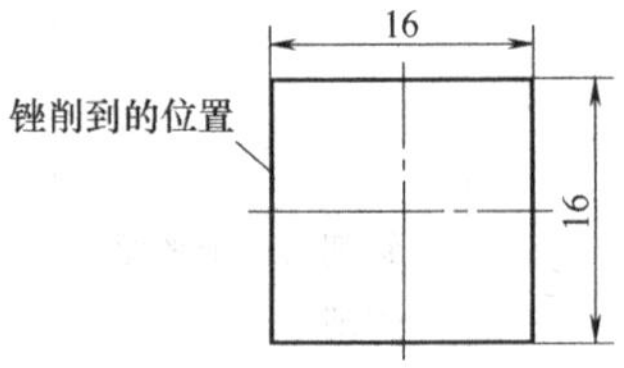	

练习二　精锉长方体

1. 零件图

将练习一的长方体按图 1-42 所示进行精加工。

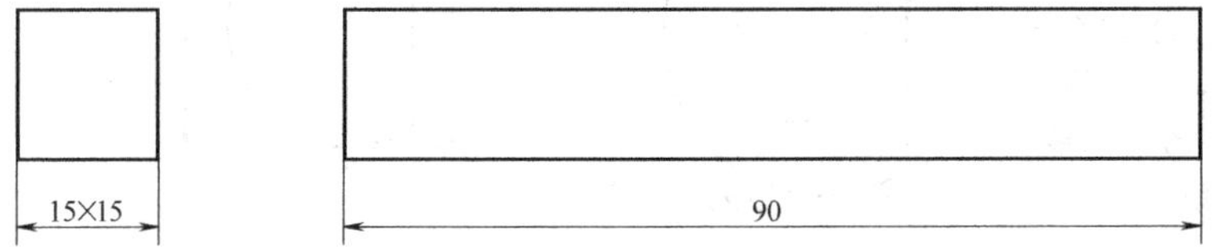

练习内容	练习时间	毛坯尺寸（边长×边长×长度）	材料	课时	件数
精锉长方体	2h	练习一完成的工件16mm×16mm×90mm	45	2	1

图 1-42　精锉长方体

2. 操作步骤

图 1-42 所示长方体的精锉操作步骤见表 1-27。

表 1-27　精锉长方体的操作步骤

步　骤	操作内容	备　　注	图　　示
1	选择基准面并精修		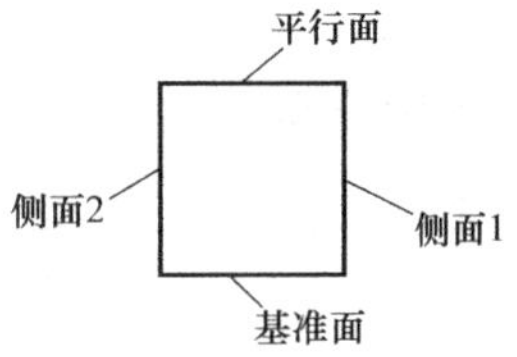
2	锉侧面 1	注意垂直度，并留 0.5mm 加工余量	
3	锉侧面 2	注意垂直度，且保证尺寸精度达 0.3mm	
4	锉平行面	保证尺寸精度达 0.3mm	
5	检测平面度	保证四个面的平面度公差为 0.2mm	
6	去毛刺		

注：装夹时采用软钳口（铜皮或铝皮制成）保护工件的已加工表面。

练习三　锯、锉斜面、倒角

1. 零件图

将练习二的长方体按图 1-43 进行锯、锉斜面及倒角加工。

练习内容	练习时间	毛坯尺寸(边长×边长×长度)	材料	课时	件数
锯、锉斜面、倒角	4h	练习二完成的工件15mm×15mm×90mm	45	4	1

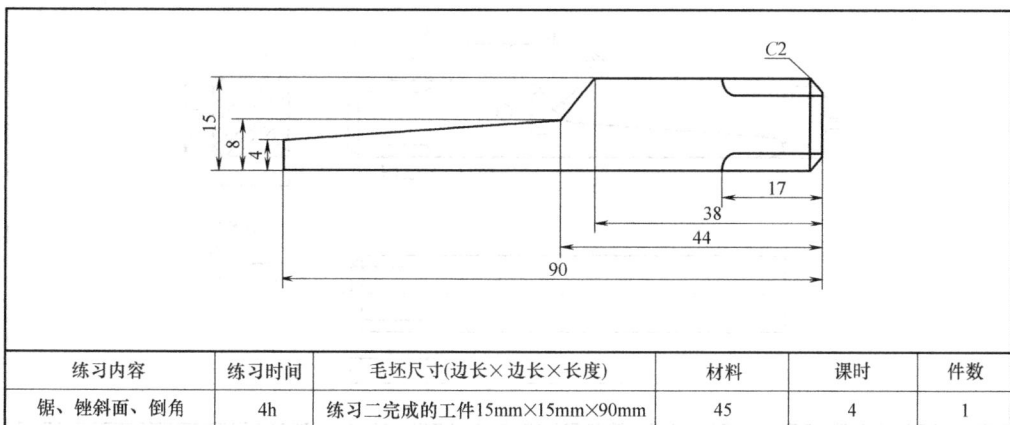

图 1-43 锯、锉斜面、倒角

2. 操作步骤

图 1-43 所示工件斜面及倒角加工的操作步骤见表 1-28。

表 1-28 锯、锉斜面、倒角的操作步骤

步 骤	操 作 内 容	备 注
1	擦去工件表面油污，涂红丹（或蓝油）	
2	划线，根据计算出的坐标值，利用游标高度卡尺划出坐标点，用划针、金属直尺完成划线	待红丹干燥后，才可以按图 1-43 划线
3	装夹工件，将工件倾斜夹在台虎钳的左面	因为锯削面倾斜，装夹工件时必须随之倾斜，以使锯缝保持垂直位置，便于锯削操作
4	锯斜面，留 0.5mm 的余量锉削	
5	锉斜面	
6	划倒角线	
7	锉削倒角 C2	
8	加工未注倒角	采用锉刀轻锉锐角或直角处，不扎手即可

练习四 圆弧锉削

1. 零件图

按图 1-44 锉削工件上凹凸圆弧。

2. 操作步骤

锉削图 1-44 工件上凹凸圆弧的操作步骤见表 1-29。

练习内容	练习时间	毛坯尺寸	材料	课时	件数
圆弧锉削	3h	练习三完成的工件	45	3	1

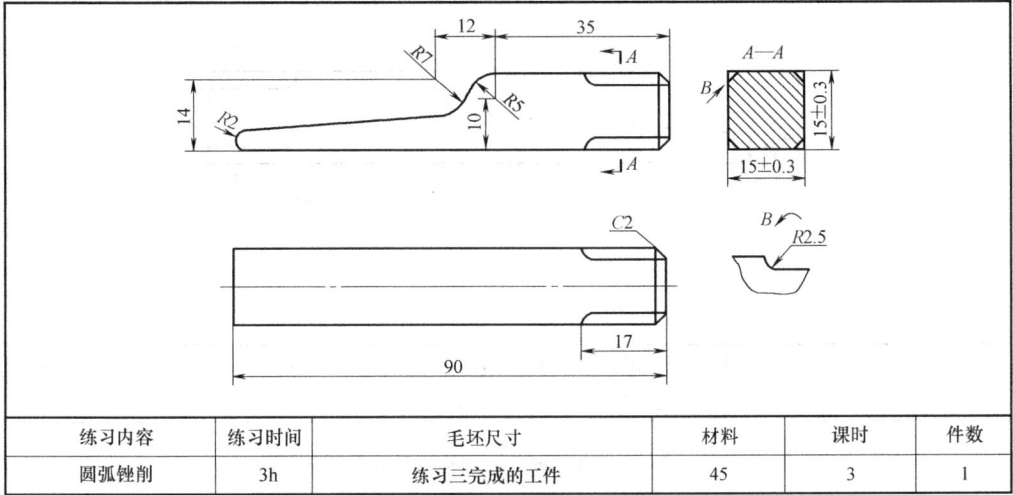

图 1-44　圆弧锉削

表 1-29　圆弧锉削的操作步骤

步　骤	操 作 内 容	备　注
1	根据计算出的坐标值,利用游标高度卡尺划出圆弧 R2 的圆心位置,并用划规划 R2 的圆弧	
2	划出圆弧 R5 的圆心位置,并用划规划 R5 的圆弧	
3	划出圆弧 R7 的圆心位置,并用划规划 R7 的圆弧;用划针及金属直尺划 R2、R5、R7 三个圆弧的切线连接	
4	装夹,锉外圆弧 R2、R5	边锉边用半径样板检测
5	锉内圆弧 R7、R2.5	边锉边用半径样板检测
6	锉斜面,使之与圆弧面相切	

练习五　钻　孔

1. 零件图

按图 1-45 所示的位置在工件上钻削 ϕ8mm 通孔。

2. 操作步骤

钻削图 1-45 工件上 ϕ8mm 通孔的操作步骤见表 1-30。

练习内容	毛坯	材料	课时	件数
钻孔	练习四完成的工件	45	2	1

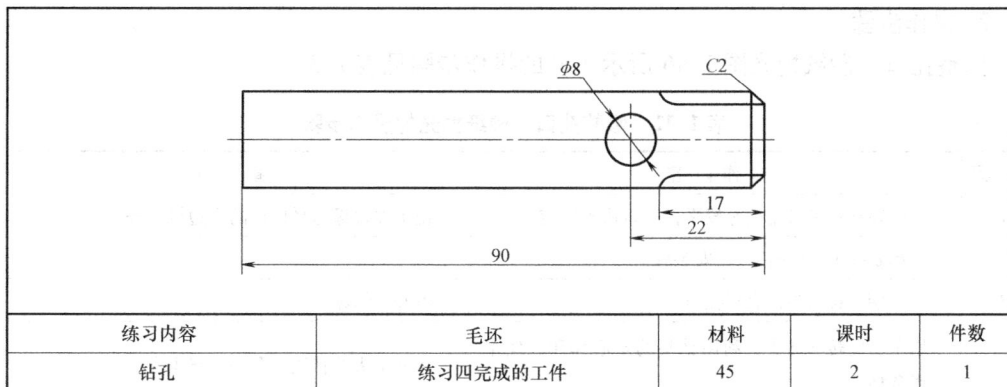

图 1-45　钻孔练习

表 1-30　钻削 φ8mm 通孔的操作步骤

步　骤	操 作 内 容	备　注
1	划线先用游标高度卡尺划出圆心位置，打圆心处的样冲眼	圆心处的样冲眼在使用划规之前，不应过深，以防止划线时划规晃动
2	用划规划出加工圆及检查圆	在加工圆周上打圆样冲眼，轻敲即可
3	敲大中心样冲眼，以便准确落钻定心	
4	选择合适的麻花钻	选用直径为 φ8mm 麻花钻，转速可高些
5	起动钻床，起钻	先使钻头对准孔的中心钻出一浅坑。观察定心是否准确，并不断校正
6	手动进给操作，当达到钻孔的位置要求后，即可扳动手柄完成钻孔	进给力要适当，并要经常退钻排屑；添加切削液，以减少摩擦；钻孔将钻穿时，进给力必须减小
7	钻孔完成，停机，清理，卸下工件检测	

练习六　修整孔口、砂纸抛光

1. 零件图

完成图 1-46 所示工件的孔口倒角及砂纸抛光。

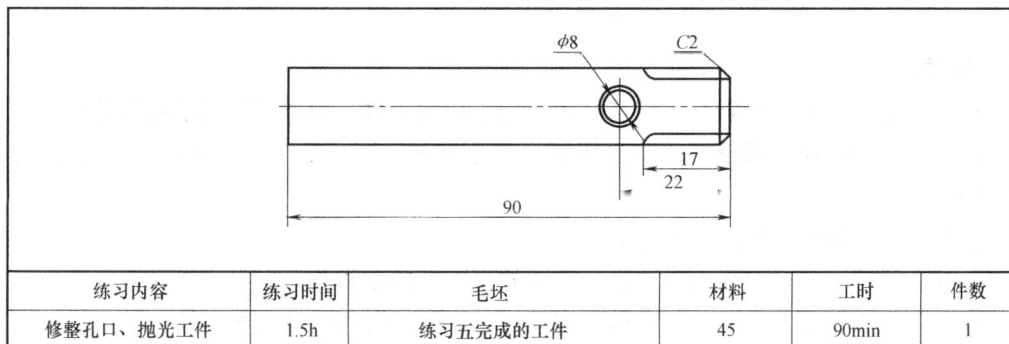

练习内容	练习时间	毛坯	材料	工时	件数
修整孔口、抛光工件	1.5h	练习五完成的工件	45	90min	1

图 1-46　修整、抛光练习

33

2. 操作步骤

修整孔口、砂纸抛光图 1-46 所示工件的操作步骤见表 1-31。

表 1-31　修整孔口、砂纸抛光的操作步骤

步　骤	操　作　内　容	备　注
1	工件装夹在平口钳上并校平，平口钳不固定	使工件边缘与平口钳的上边缘平齐
2	选择 ϕ12mm 麻花钻，并安装好	
3	用手柄下移钻头，靠到孔口	不开动钻床
4	用手反向转动钻头，利用钻头的定心作用，使平口钳微移	保证钻头的轴线与孔的轴线重合
5	开启电源，完成倒角	根据图样要求，保证倒角 1mm
6	关机，卸下工件	
7	工件翻转，重新安装，修整孔 ϕ8 的另一孔口	重复步骤 1~6
8	砂纸抛光	砂纸固定、工件运动

练习七　热处理淬硬

1. 热处理要求

淬火处理，保证锤子两头锤击部分的硬度为 49~56HRC，心部不淬火。

2. 热处理操作步骤

锤子热处理的操作步骤见表 1-32。

表 1-32　锤子热处理的操作步骤

步　骤	操　作　内　容	备　注
1	加热保温，把锤子放在电阻炉中加热至 800~840℃，保温 15min	
2	淬火，从炉中取出后在冷水中连续调头淬火，浸入水中深度约 5mm	待工件呈暗黑色后，全部浸入水中
3	回火，从水中取出后，再加热至 250~300℃。保温后，在空气中冷却	
4	硬度检测，待工件冷却后，在洛氏硬度试验机上进行硬度检测	

注：建议热处理由实习老师统一完成，学生观看并做硬度检测。

[注意]

① 必须由专人负责电阻炉，包括开关炉门、拿放工件、电源控制及加温操作等。

② 打开炉门时应穿戴较厚的防护服装（特别要戴防护手套），并应站在炉门的侧面，以避免热灼伤。

③ 拿取工件需用较长的钳子完成。

④ 淬火时将工件轻轻投入水中，以防止被溅起的热水烫伤。

⑤ 不要急于用手拿待冷却的工件，以防止因工件冷却不彻底而被烫伤。

[检测与评价]

对加工好的锤子进行检测与评价，检测内容与配分见表 1-33。

表 1-33 锤子质量检测与评价表

序 号	检测内容	配 分	量 具	检测结果	学生评分	教师评分
1	(15±0.3)mm	10				
2	(15±0.3)mm	10				
3	90mm	4				
4	35mm	3				
5	22mm	5				
6	17mm（4处）	3×4				
7	$R2$mm	4				
8	$R5$mm	4				
9	$R7$mm	4				
10	$R2.5$mm（4处）	3×4				
11	$\phi8$mm	5				
12	$C1$（孔）	5				
13	$C2$（4处）	3×4				
14	$Ra\leqslant3.2\mu m$	5				
15	热处理检测	5				
16	文明生产	违纪一项扣20分				
合 计		100				

模块二

车工实训

课题一 车床操作及保养

学习目标

① 了解车床的工艺特点及加工范围。

② 熟悉车床的结构，并能正确操作。

③ 遵守操作规程，养成良好的文明生产与安全生产的习惯。

知识学习

1. 车床的结构

卧式车床的种类较多，但它们的组成结构、工作原理基本相同。图 2-1 为生产中应用最广的 CA6140 型卧式车床外形图。

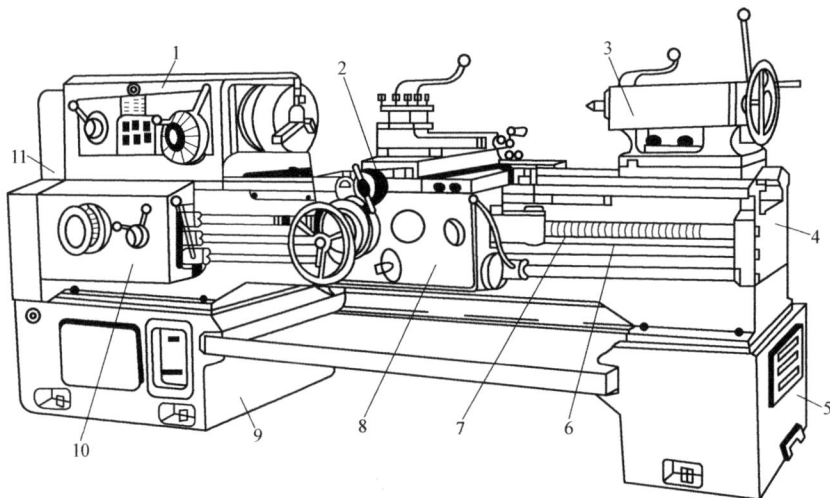

图 2-1　CA6140 型卧式车床外形

1—主轴箱　2—刀架　3—尾座　4—床身　5—右床腿　6—光杠　7—丝杠

8—溜板箱　9—左床腿　10—进给箱　11—挂轮变速机构

2. 操作车床时的站立位置

将滑板移于床身中央部位。操作纵向进给手柄时，站在如图 2-2a 所示的前面位置；操作横向进给手柄和小滑板操纵手柄时，站在如图 2-2b 所示的床鞍的稍右侧。握住各个手柄时注意保持正确的姿势、避免过分弯腰，且眼睛要看着车刀方向。

图 2-2　操作车床时的站立位置
a) 操作纵向进给手柄时　b) 操作横向进给手柄和小滑板时

技能训练

练习一　停车训练

在停车情况下练习主轴变速操作，主轴起动、停止，进给速度变换、离合，尾座及刀架操作，操作步骤见表 2-1。

表 2-1　停车练习操作步骤

步骤	操作内容	图　例	说　明
1	主轴变速操作	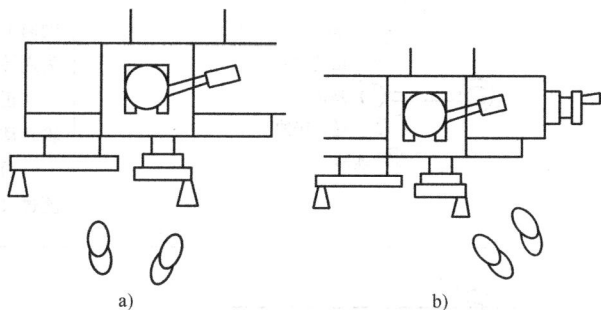 主轴变速操作手柄 1—操作手柄　2—扇形枢　3—变速操作手柄　4—正常和扩大螺距手柄 5—双动操作手柄	操作主轴箱正面1、3、5手柄（见左图），使主轴得到24级正转转速

(续)

步骤	操作内容	图 例	说 明
2	主轴起动、停止操作		手柄在中央是停止位置,手柄向上抬起为正转,手柄下按为逆转,见左图 从正转变为逆转时,要在主轴转动停止后再操作手柄。如不停而连续操作,会使瞬间电流过大而造成电气故障
3	自动进给速度变换操作		操作进给转换手柄 A、B、C,实现纵、横向自动进给,见左图
4	自动进给离合操作		操作进给方向转换手柄,变换纵横向进给方向 操作进给离合手柄实现自动进给离合变换
5	尾座的操作	1—尾座休 2—套筒 3—尾座锁紧手柄 4—套筒手柄 5—紧固螺母 6—调节螺钉 7—底座 8—压板	尾座移动用手动进行,其固定靠紧固螺母,如左图所示。转动尾座套筒手柄4,可使套筒在尾座内移动;转动尾座锁紧手柄3,可将套筒固定在尾座内。操作时用力不可过猛,特别是尾座接近滑板时,用力要适当,以免碰撞

（续）

步骤	操作内容	图　例	说　明
6	刀架操作	用三球手柄练习刀架操作示意图	如左图所示，将三球手柄顶在两顶尖之间。先将钢丝捆在木板或车刀柄上，然后固定在刀架上，钢丝的尖端与两顶尖的连线齐平。两手同时操作横向进给手柄和纵向进给手柄，反复练习操作，使钢丝尖按三球手柄及锥体表面光滑地移动

[注意]

① 机床未完全停止时严禁变换主轴转速，否则会发生严重的主轴箱内齿轮打齿现象甚至发生机床事故。开车前要检查各手柄是否处于正确位置。

② 手柄拨动不顺利时，可用手稍转动主轴后再拨动，此时应断开离合器。

③ 纵向和横向手柄进退方向不能摇错，尤其是快速进退刀时要千万注意，否则会使工件报废或发生安全事故。

练习二　低速开车训练

低速开车步骤见表2-2。

表2-2　低速开车步骤

步　骤	操作内容	备　注
1	主轴起停：电动机起动—操作主轴转动—停止主轴转动—关闭电动机	首先检查各手柄是否处于正确位置，确认无误后再进行主轴起停和机动进给练习
2	机动进给：电动机起动—操作主轴转动—手动纵、横向进给—机动纵向进给—手动退回—机动横向进给—手动退回—停止主轴转动—关闭电动机	

课题二　车床的润滑及保养

学习目标

① 熟悉车床的润滑方式及润滑位置。

② 掌握车床的润滑操作步骤和方法。

③ 掌握车床的日常维护保养方法。

④ 养成良好的操作习惯。

知识学习

1. 车床各部分的润滑

图 2-3 所示为 CA 6140 型卧式车床润滑系统示意图。图中所注除②处的润滑部位是用 2 号钙基润滑脂进行润滑外,其余各部位都用 30 号全损耗系统用油(机油)润滑。换油时,应先将废油放尽,然后用煤油把箱体内清洗干净后,再注入新全损耗系统用油。注入润滑油时应用网过滤,且油面不得低于油标中心线。$\frac{30}{7}$ 表示润滑油为 30 号全损耗系统用油,两班制换(加)油间隔天数为 7 天。

主轴箱内的零件采用液压泵循环和飞溅油润滑方式。箱内润滑油一般三个月更换一次。主轴箱体上有一个油标,若发现油标内无油输出,说明液压泵输油系统有问题,应立即停车检查断油的原因,待修复后才能开动车床。

进给箱内的齿轮和轴承,除了用齿轮飞溅润滑外,在进给箱上部还有用于油绳导油润滑的储油槽,每班应给该储油槽加一次油。

图 2-3 CA6140 型卧式车床润滑系统示意图

交换齿轮箱中间齿轮轴轴承是黄油杯润滑,每班润滑一次,七天加一次钙基润滑脂。

尾座和中、小滑板手柄的轴承及光杠、丝杠、刀架转动部位靠弹子杯润滑,每班润滑一次。

此外,床身导轨、滑板导轨在工作前后都要擦净,后用油枪加油。

2. 车床的日常维护保养

1)每天工作后,切断电源,擦拭车床各表面、各罩壳、导轨面、丝杠、光杠、各操作手柄和操纵杆,做到无油污、无铁屑、车床外表清洁。

2)每周保养床身导轨面和中、小滑板导轨面及转动部位。要求油路畅通、油标清晰,并清洗油绳和护床油毛毡,保持车床外表清洁和工作台场地整洁。

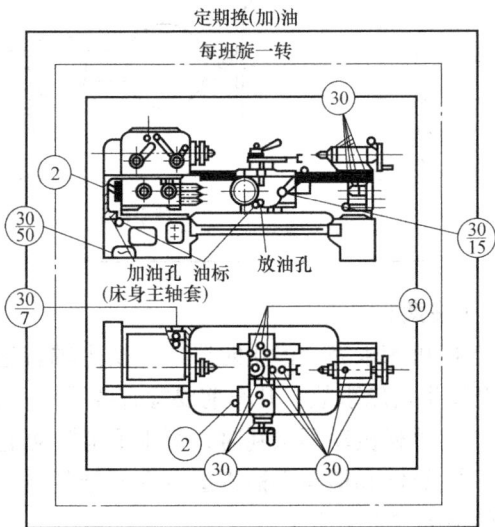

技能训练

练习一 CA6140 型卧式车床的润滑

CA6140 型卧式车床的润滑操作步骤见表 2-3。

表 2-3 CA6140 型卧式车床的润滑操作步骤

步 骤	操 作 内 容	备 注
1	检查设备的润滑情况	填写润滑情况记录表
2	判断哪些部位需要润滑	结合润滑示意图判断
3	润滑	润滑油选择
		润滑方式选择

练习二　CA6140 型卧式车床的一级保养

CA6140 型卧式车床的一级保养操作步骤见表 2-4。

表 2-4　CA6140 型卧式车床的一级保养操作步骤

步　骤		操 作 内 容	备　注
1	主轴箱	清洗滤油器，使其无杂物	
		检查主轴锁紧螺母有无松动，紧固螺钉是否拧紧	松动的需紧固
		调整制动器及离合器摩擦片的间隙	
2	齿轮箱	清洗齿轮、轴套，并在油杯中注入新的油脂	保持齿轮清洁
		调整齿轮啮合间隙	
		检查轴套有无晃动现象	松动的需紧固或更换
3	滑板和刀架	拆洗刀架和中、小滑板，洗净擦干后重新组装，并调整中、小滑板与镶条的间隙	保持各部位清洁
4	尾座	摇出尾座套筒，并擦净涂油	保持内外清洁
5	润滑系统	清洗冷却泵、滤油器和盛液盘	
		保持油路通畅，油孔、油绳、油毡清洁无铁屑	
		保持油质良好，油杯齐全，油标清晰	
6	电气系统	清扫电动机、电器箱上的灰屑	
		电器装置固定整齐	
7	其他	擦洗表面及死角，清洗光杠、丝杠和操纵杆	检查各部分情况

[注意]

① 经常观察润滑系统工作是否正常。如有异常，立即停机检查，以免造成事故。

② 夏季时采用黏度稍高的润滑油，冬季时采用黏度稍低的润滑油。

③ 车床每运转 500h 进行一次一级保养。

④ 一级保养一般以操作者操作为主，维修工协助进行。

⑤ 保养时，必须先切断电源，然后按表 2-4 中的顺序和要求进行。

课题三　车刀的刃磨及安装、工件装夹找正

学习目标

① 进一步认识车刀的几何角度。

② 掌握常用车刀的刃磨方法。

③ 掌握常用车刀的安装方法。

④ 掌握工件的装夹及校正操作。

知识学习

1. 车刀的刃磨及安装

车刀（指整体车刀与焊接车刀）用钝后重新刃磨是在砂轮机上进行的。磨高速钢车刀用氧化铝砂轮（白色），磨硬质合金车刀用碳化硅砂轮（绿色）。

（1）车刀的刃磨

1）车刀的角度（参阅《金属加工与实训——基础常识》相关内容）。

2）砂轮的选择。刃磨高速钢车刀时，应选用粒度为46号到60号的软或中软的氧化铝砂轮。刃磨硬质合金车刀时，应选用粒度为60号到80号的软或中软的碳化硅砂轮。

3）刃磨车刀示意图（图2-4）。

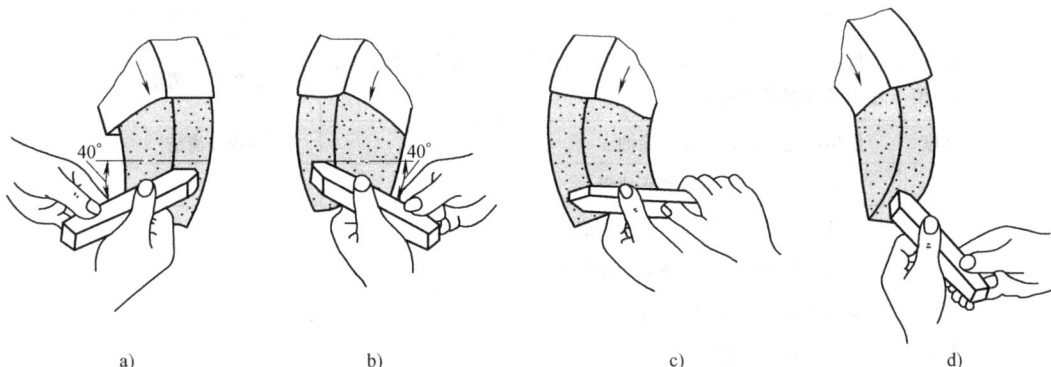

图 2-4　外圆车刀刃磨的示意图

a）磨主后刀面　b）磨副后刀面　c）磨前刀面　d）修磨各刀面及刀尖

4）刃磨车刀的操作要领如下。

① 人站立在砂轮机的侧面，以防砂轮碎裂时，碎片飞出伤人。

② 握刀的两手间要有一定距离，两肘夹紧腰部，以减小磨刀时的抖动。

③ 磨刀时，车刀要对准砂轮的水平中心，刀尖略向上翘3°~8°，车刀接触砂轮后应作左右方向水平移动。当离开砂轮时，车刀需向上抬起，以防磨好的切削刃被砂轮碰伤。

④ 磨后刀面时，刀杆尾部向左偏过一个主偏角的角度；磨副后刀面时，刀杆尾部向右偏过一个副偏角的角度。

⑤ 修磨刀尖圆弧时，通常以左手握车刀前端处为支点，用右手转动车刀的尾部。

5）磨刀安全知识如下。

① 刃磨刀具前，应首先检查砂轮有无裂纹，砂轮轴螺母是否拧紧，并经试转后方能使用，以免砂轮碎裂或飞出伤人。

② 刃磨刀具时不能用力过大，否则可能会使手打滑而触及砂轮面，造成工伤事故。

③ 磨刀时应戴防护眼镜，以免砂砾和铁屑飞入眼中。

④ 磨刀时不要正对砂轮的旋转方向站立，以防发生意外。

⑤ 磨小刀头时，必须把小刀头装在刀杆上。

⑥ 砂轮支架与砂轮的间隙不得大于3mm。如发现过大，应调整适当。

（2）车刀的安装

1）安装要求如下。

① 刀尖应与工件轴线等高，可用尾座顶尖校对，用垫刀片调整。车刀底面的垫片要平整，并尽可能用厚垫片，以减少垫片数量，如图2-5所示。

② 刀杆中心线应与进给方向垂直。

③ 车刀在方刀架上伸出的长度以刀体厚度的1.5～2倍为宜（切断刀不宜伸出太长）。

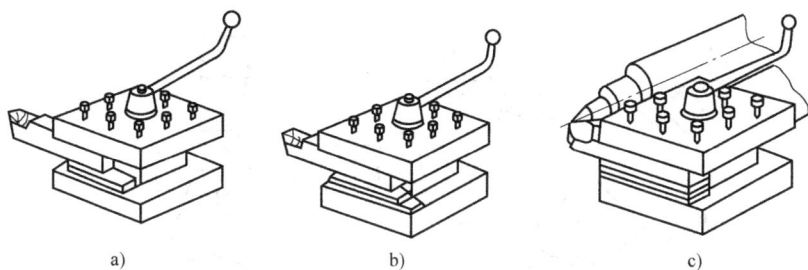

图2-5 安装车刀

a）伸出太长 b）垫刀片不齐 c）合适

2）车刀位置对加工的影响如下。

① 车外圆或横车时，如果车刀安装后刀尖高于工件轴线，会使前角增大、后角减小；相反，如果刀尖低于工件轴线，则会使前角减小、后角增大。

② 如果刀体轴线不垂直于工件轴线，将影响主偏角和副偏角的大小，会使切断刀切出的断面不平，甚至使刀头折断，使螺纹车刀切出的螺纹产生牙型半角误差。所以，切断刀和螺纹车刀的刀头必须安装得与工件轴线垂直，以使切断刀的两副偏角相等、螺纹车刀切出的螺纹牙型对称。

2. 工件的安装与校正

安装工件的方法主要有用三爪自定心卡盘或者四爪单动卡盘、顶尖装夹等方法。

校正工件有用划针或者百分表校正等方法。

技能训练

练习一 刃磨45°、90°外圆车刀

1. 练习图

车工操作的一个重要环节是刀具刃磨，车削质量的关键是刀具刃磨质量。因此，操作者掌握各种车刀的刃磨方法是很重要的。图2-6是基本刀具（45°、90°）的刃磨参数图。掌握了45°、90°车刀的刃磨方法，其他车刀的刃磨方法也就迎刃而解。

2. 操作步骤及质量要求

车刀的刃磨操作步骤及质量要求见表2-5。

练习内容	练习时间	材料	毛坯尺寸(边长×边长×长度)	件数	工时
车刀的刃磨	2h	HT150	20mm×20mm×200mm	2	120min
		YT	45°、90°外圆车刀	各一把	

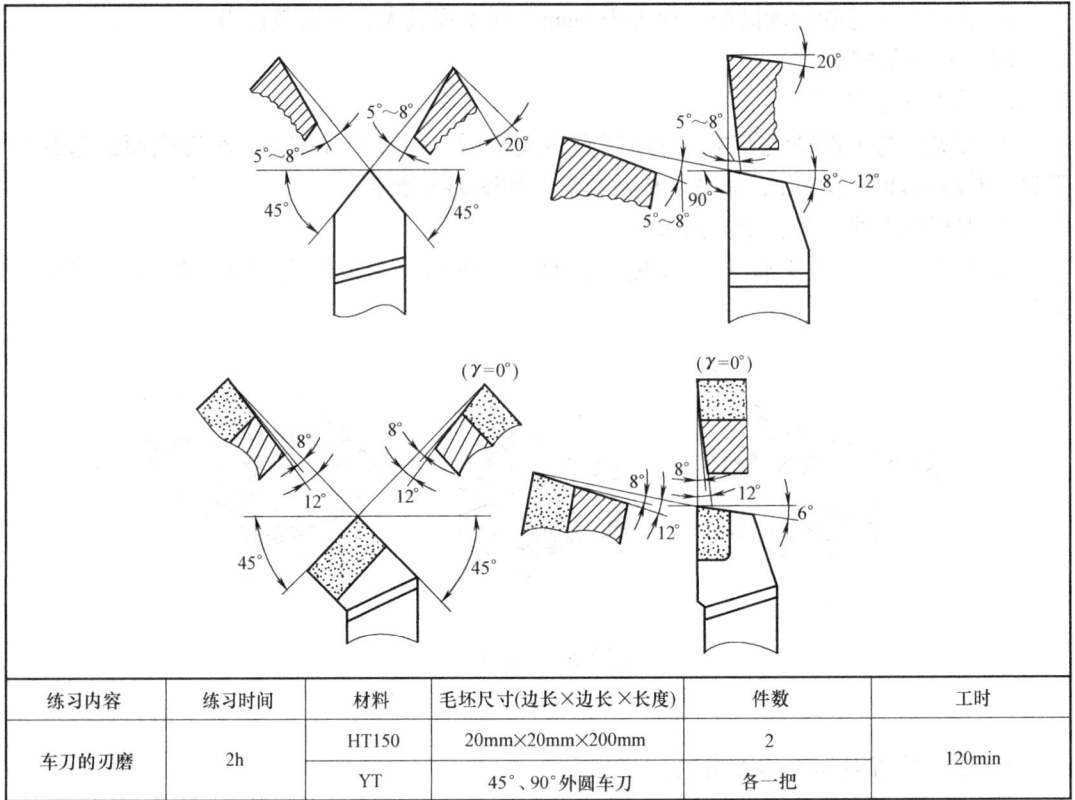

图 2-6　车刀的刃磨

表 2-5　车刀刃磨的操作步骤及质量要求

步　骤	操 作 内 容	备　　注
1	粗磨主后刀面,磨出主后角,同时磨出主偏角	超差不超过1°
2	粗磨副后刀面,磨出副后角,同时磨出副偏角	超差不超过1°
3	粗磨前刀面,同时磨出前角	超差不超过2°
4	精磨前刀面,磨成前角	超差不超过2°
5	精磨主后刀面、磨主后角,同时形成主偏角	超差不超过1°,主切削刃刃口平直
6	精磨副后刀面、磨副后角,同时形成副偏角	超差不超过1°,副切削刃刃口平直
7	修磨刀尖圆弧	

练习二　车刀安装和工件装夹找正

1. 车刀安装和工件装夹找正示意图

为保证车削质量,车刀和工件必须正确安装,以提高刀具、工件的刚度,减少切削力,提高车削质量。车刀和工件的安装、装夹与找正方法见图 2-7 和图 2-8。

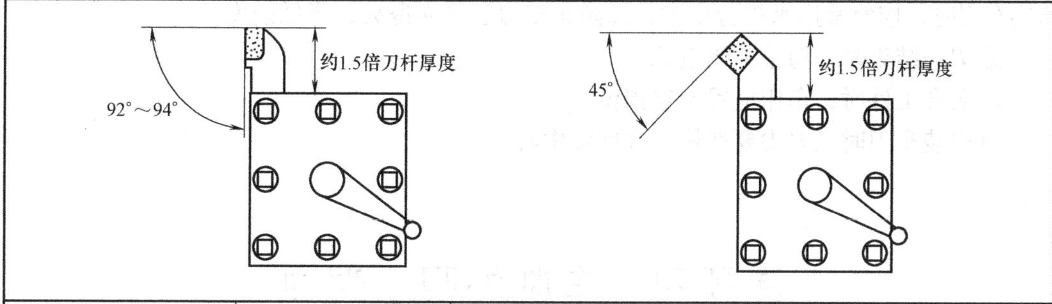

练习内容	练习时间	件数	工时
安装车刀	2h	45°车刀、90°车刀各一把	120min

图 2-7 车刀的安装

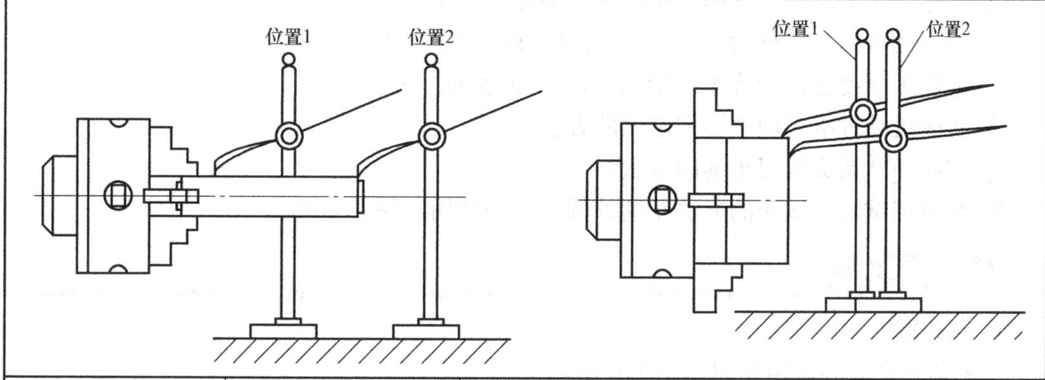

练习内容	练习时间	件数	工时
装夹与找正工件	2h	45°车刀、90°车刀各一把	120min

图 2-8 装夹与找正工件

2. 操作步骤

车刀、工件装夹、找正操作步骤见表 2-6。

表 2-6 车刀、工件装夹、找正的操作步骤

步　骤		操 作 内 容	备　注
1	安装车刀	锁紧方刀架	使刃磨角度和切削角度尽可能重合
		车刀安装在方刀架的左侧，用刀架上的至少两个螺栓压紧	操作时应逐个轮流旋紧螺栓
		校对刀尖，检查刀尖是否与工件轴线等高	可用尾座顶尖校对
		检查刀杆中心线是否与进给方向垂直	
2		安装四爪单动卡盘，并夹持工件	夹持可靠
3		用划线盘校正工件，达到径向圆跳动和端面圆跳动均小于 0.3mm	

[注意]

① 刃磨硬质合金车刀时，不可将刀头部分放入水中冷却，以防止刀头开裂；刃磨高

速钢车刀时，应经常用水进行冷却，以防止车刀过热而退火，降低硬度。

② 刃磨结束时，随手关闭电源。

③ 装夹工件时，车床应置于空挡位。

④ 安装车刀时，刀尖要严格对准回转中心。

课题四　车削外圆、端面

学习目标

① 熟悉车床的操作，掌握正确的操作姿势。

② 用手动进给均匀移动三个滑板，按图样要求车削工件。

③ 掌握用刻度盘控制背吃刀量 a_p 和加工长度的方法。

④ 掌握机动进给车削外圆和端面的方法。

⑤ 掌握外圆调头接刀车削的方法。

⑥ 掌握用试切、试测的方法车削外圆，正确使用和保养量具。

知识学习

1. 车外圆

车外圆及台阶的常用车刀如图 2-9 所示。

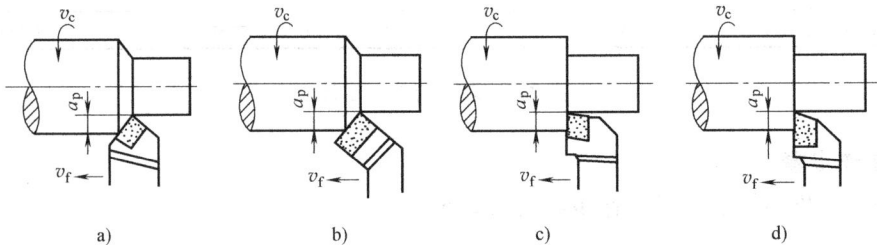

图 2-9　车外圆及台阶的常用车刀

a）尖头刀车外圆　b）45°弯头刀车外圆　c）右偏刀车外圆　d）圆弧刀车外圆

尖头刀主要用来车外圆。45°弯头刀和右偏刀既可车外圆，又可车端面，应用较为普遍。右偏刀主要用来切削带台阶的工件，又因其切削时径向力比较小，不易顶弯工件，所以也常用来车细长轴的外圆。刀尖带有圆弧的圆弧刀可用来车削带有过渡圆弧表面的外圆。

根据精度和表面粗糙度的不同要求，车外圆时常需经过粗车和精车两个步骤。

（1）粗车　粗车的目的是最大限度地从毛坯上切去大部分加工余量，使工件接近最后的形状和尺寸。

粗车时，精度和表面粗糙度要求不高，故背吃刀量可选大些（0.8～2.5mm），尽可能将粗车余量在一次或两次进给中切去。切削铸件和锻件时，因表面有硬皮，可先车端面，

或者先倒角，然后再选择较大的背吃刀量车削，以免刀尖被硬皮磨损，如图 2-10 所示。

粗车的进给量在机床、刀具的强度、工件的强度及工件的刚度不受限制的情况下，应尽量取大一些（1.03~1.2mm/r），以提高生产率。

切削速度的选择与背吃刀量、进给量、刀具和工件材料等因素有关。例如，用高速钢车刀切削钢料

图 2-10 粗车铸、锻件的背吃刀量

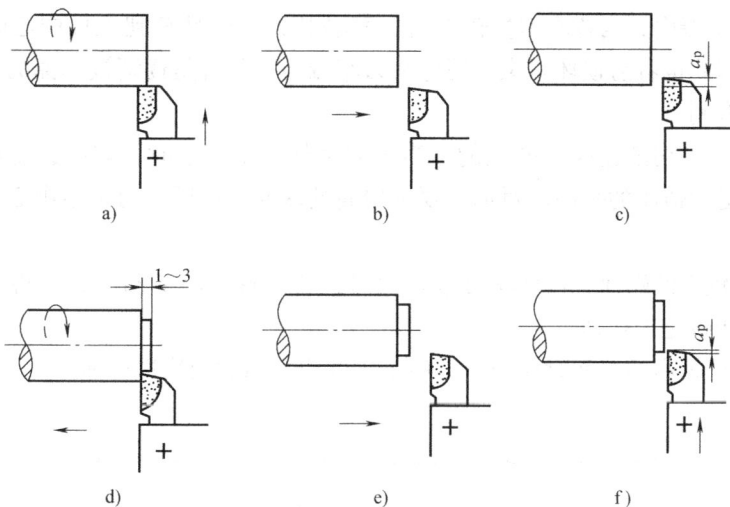

时，切削速度为 $v_c = 0.3 \sim 1\text{m/s}$；用硬质合金刀具切削钢料时，切削速度为 $v_c = 1 \sim 3\text{m/s}$。车削硬钢时比切削软钢时切削速度低些；车削铸铁件时比车削钢件时切削速度低些；不用切削液时，切削速度也要低些。

根据所选择的切削速度，对照具体车床所附转速表，选用最接近的转速。

（2）精车 精车时为了保证工件的尺寸精度和表面粗糙度要求，可采取以下措施。

1）合理选择精车刀的角度。加大前角可使刃口锋利，减小副偏角或刀尖磨成小圆弧可使已加工面残留面积减小，前、后角及刀尖圆弧用油石磨光等均可降低工件表面粗糙度。精车外圆时一般用 90°偏刀。

2）合理选择切削用量。用较大的切削速度、较小的进给量和背吃刀量可减小已加工表面的残留面积。

3）合理使用切削液。如低速精车钢件时用乳化润滑液，低速精车铸件时用煤油润滑，均可获得较低的表面粗糙度。

4）采用试切法。试切方法如图 2-11 所示。

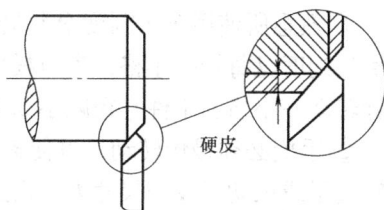

图 2-11 试切的方法与步骤

a）开车对刀，使车刀与工件表面轻微接触 b）向右退出车刀 c）横向进刀
d）切削 1~3mm e）退出车刀，进行测量 f）如果尺寸不到，再进刀

在调节背吃刀量时，应尽可能利用横向进给手柄上的刻度盘，以便迅速而准确地控制尺寸。使用刻度盘时，应注意下列事项。

① 熟悉所使用车床刻度盘每转过一格所对应的车刀移动量。CA6140 型卧式车床中，中滑板刻度盘每转一小格，车刀横向移动的距离为 0.05mm，因此车外圆时，刻度盘每顺时针转动一小格，工件直径减小 0.1mm。

② 手柄必须慢慢转动，以使刻度线对准所需位置。由于丝杠和螺母间有间隙，当手柄转过了或试切后发现尺寸太小需退回车刀时，应反转约一圈后，再转至所需位置。

2. 车端面

常用的端面车刀和车端面的方法如图 2-12 所示。

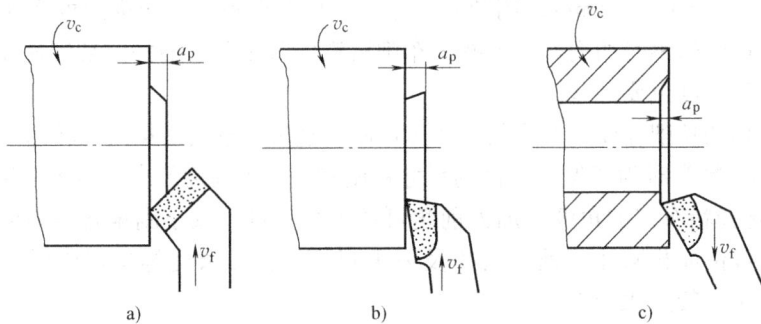

图 2-12 车端面

a）45°弯头刀车端面 b）偏刀车端面（由外向中心） c）偏刀车端面（由中心向外）

[注意]

① 车刀的刀尖应对准工件的中心，以免车出的端面中心留有凸台。

② 用偏刀车端面，当背吃刀量较大时，容易扎刀。而且车到工件中心时凸台是被一下子车掉的，因此也容易损坏刀尖。用弯头刀车端面，凸台是逐渐被车掉的，所以车端面用弯头刀较为有利。

③ 车端面时，切削速度是变化的。当车刀由外向里车削时，切削速度由快到慢，不易车出表面粗糙度值小的平面。对加工要求较高的端面，最后一刀可由中心向外进给，如图 2-12c 所示。

④ 车直径较大的端面，当背吃刀量较大时，若出现凹心或凸肚，应检查车刀或方刀架是否锁紧、床鞍是否松动。

⑤ 车削要求较高的端面时应分粗、精车，并应采用试切法进行加工。

技能训练

练习一 手动车外圆与端面

1. 零件图

按图 2-13 的要求，手动车削外圆、端面。

2. 操作步骤

图 2-13 所示零件的车削步骤见表 2-7。表中尺寸为第一次加工采用的尺寸，以后各次加工尺寸依次递减。

次数	D/mm	d/mm	L/mm	l/mm
1	φ48±0.3	φ46±0.3	98	50
2	φ46±0.3	φ44±0.3	96	50
3	φ44±0.3	φ42±0.3	95	50
4	φ42±0.3	φ40±0.2	94	50

练习内容	练习时间	材料	毛坯尺寸(直径×长度)	件数	工时
手动车削外圆、端面	3h	45	φ50mm×100mm	1	180min

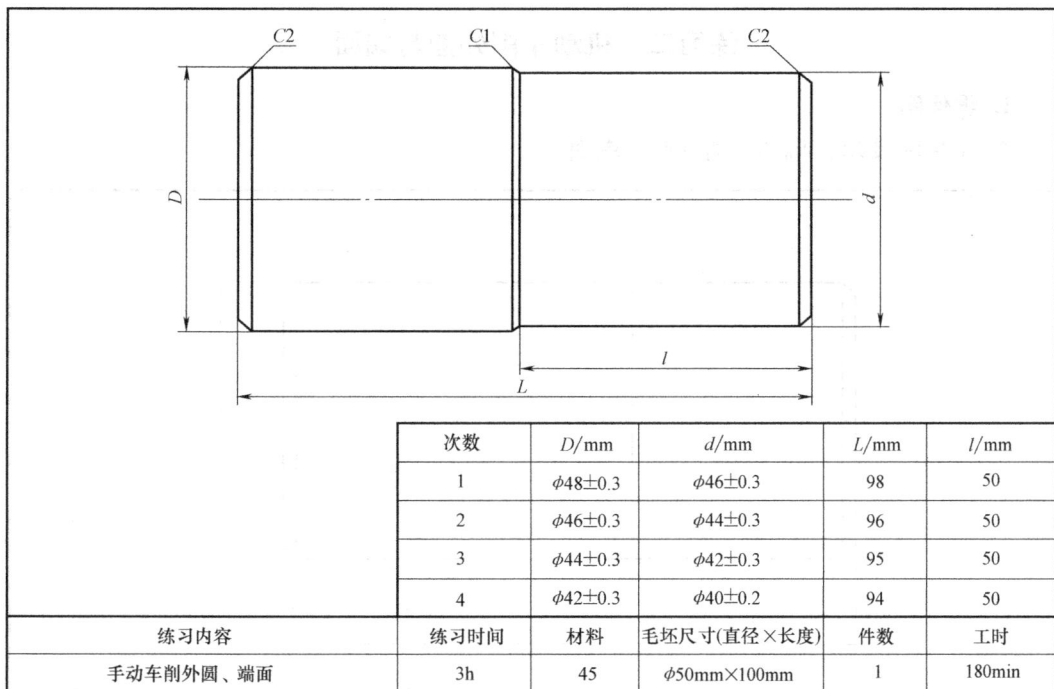

图 2-13 手动车削外圆、端面

表 2-7 手动车削图 2-13 所示零件外圆、端面的步骤

序 号	操 作 内 容	备 注
1	检查毛坯尺寸	检查毛坯是否合格
2	夹一端外圆，使工件伸出 55mm，用划线盘找正。车端面。粗车外圆 φ48，留精车余量，车削长度 50mm。再精车至 φ48±0.3mm，倒角 C2	
3	调头垫铜皮装夹，使工件伸出 60mm，再用划线盘找正	检查工件是否同轴
4	车端面，保证总长。粗车外圆 φ46，留精车余量，车削长度 50mm。再精车至 φ46±0.2mm。倒角 C2 和 C1	
5	质量检测	

[注意]

① 操作前要检查机床运转是否正常，工件和刀具装夹是否牢固。

② 卡盘扳手用完应立即取下。

③ 车刀必须严格对准工件中心。车削大直径工件时，平面易产生不平，应随时用金属直尺检查。

④ 手动车削前应把相关机动手柄置于空挡位。

⑤ 车床转速选择要适宜，手动进给量要均匀。

⑥ 切削时应先开车后进刀，切削完毕应先退刀后停车。

⑦ 停车才能变速。检测工件时，变速手柄应置于空挡位。

⑧ 车削铸铁毛坯时应尽可能一刀车掉表面氧化硬皮，以防刀具过早磨损。

练习二　机动车削外圆与端面

1. 零件图

按图 2-14 要求，机动车削外圆、端面。

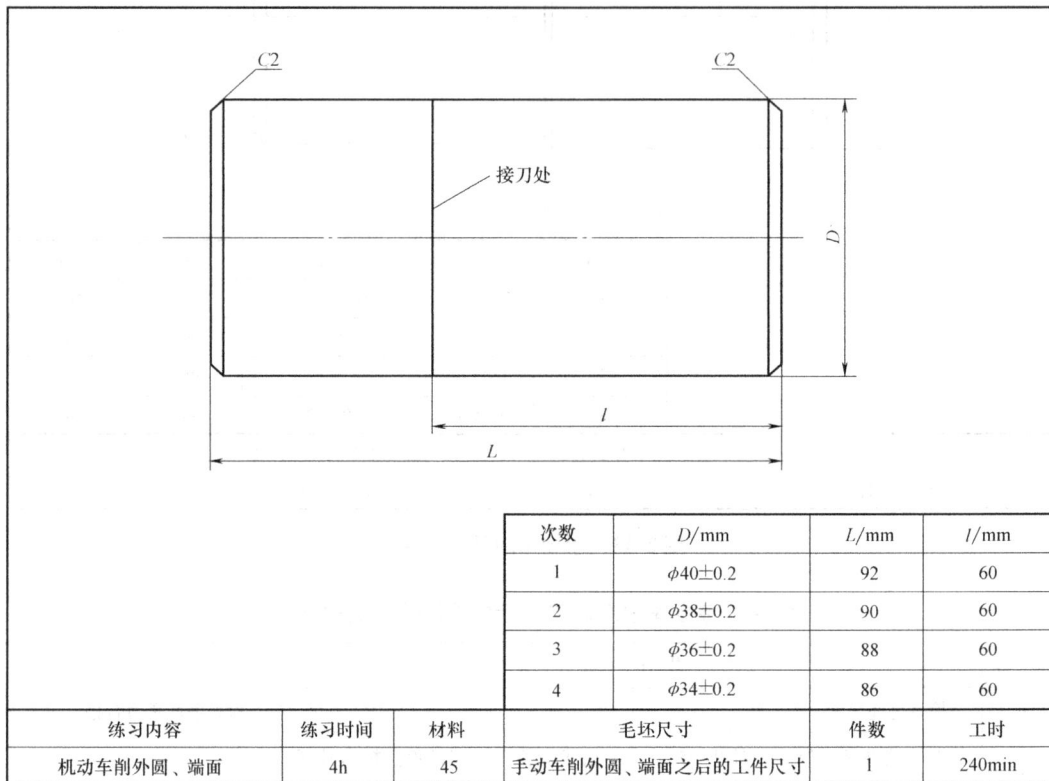

次数	D/mm	L/mm	l/mm
1	$\phi40\pm0.2$	92	60
2	$\phi38\pm0.2$	90	60
3	$\phi36\pm0.2$	88	60
4	$\phi34\pm0.2$	86	60

练习内容	练习时间	材料	毛坯尺寸	件数	工时
机动车削外圆、端面	4h	45	手动车削外圆、端面之后的工件尺寸	1	240min

图 2-14　机动车削外圆、端面

2. 操作步骤

图 2-14 所示零件的车削步骤见表 2-8。表中尺寸为第一次加工采用的尺寸，以后各次加工尺寸依次递减。

表 2-8　机动车削图 2-14 所示零件的外圆、端面的步骤

序　号	操　作　内　容	备　　注
1	检查毛坯尺寸	检查毛坯是否合格
2	夹一端外圆，使工件伸出 70mm，用划线盘找正。车端面。粗车外圆至 $\phi40$mm，留精车余量，车削长度 60mm。再精车至 $\phi40\pm0.2$mm，倒角 $C2$	
3	调头垫铜皮装夹，使工件伸出 60mm，再用划线盘找正	检查工件是否同轴
4	车端面，保证总长。粗车外圆 $\phi40$mm，留精车余量。再精车至 $\phi40\pm0.2$mm。倒角 $C2$，接刀误差不超过 0.2mm	
5	质量检测	

[注意]

① 操作前要检查机床运转是否正常，工件和刀具装夹是否牢固。

② 车削前应把相关机动手柄置于相应位置挡。

③ 操作时，注意力要集中，以防滑板等碰撞。

④ 粗车时切削力大，工件易发生移位，在精车接刀前应进行一次复查。

⑤ 精车的最后一次走刀可用反进切削法（由车头向尾座方向进刀）。

课题五　车削台阶工件

学习目标

① 掌握车削台阶工件的方法。

② 进一步掌握用划线盘找正工件外圆和端面的方法。

③ 掌握控制轴向尺寸和径向尺寸的方法。

④ 能较为合理地选择切削用量。

知识学习

轴上的台阶面可在车外圆时同时车出。图 2-15a 所示为车削低台阶面（台阶高度在 5mm 以下）时的情况。为使车刀的主切削刃垂直于轴线，装刀时应用直角尺对准，如图 2-15b 所示。

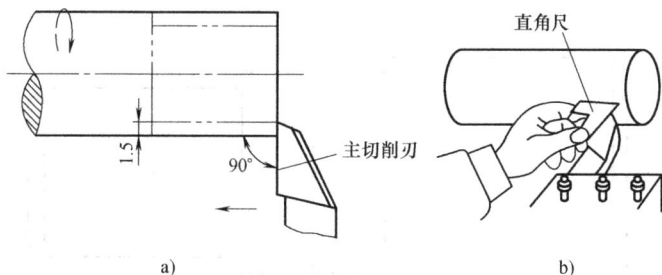

a)　　　　　　　　　　　　　　　　　b)

图 2-15　车削低台阶

a）车削低台阶面　b）用直角尺对刀

为使台阶长度符合要求，可用刀尖预先刻出线痕，以此作为加工的界线，如图 2-16 所示。

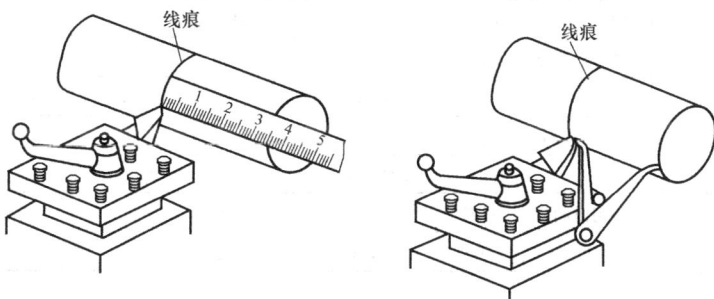

图 2-16　划出线痕以控制台阶长度

台阶高度在 5mm 以上时应分层进行切削，如图 2-17 所示。

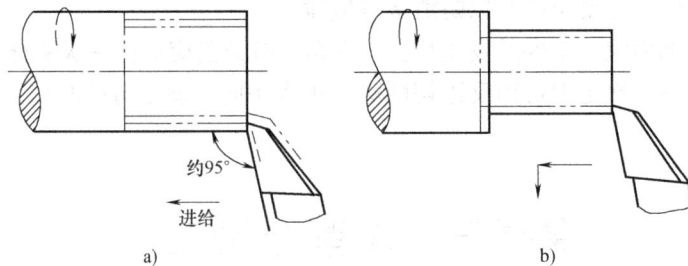

约95°

进给

a)

b)

2-17 高台阶分层车出

a) 偏刀主切削刃和工件轴线约成95°，分多次纵向进给车削

b) 在末次纵向进给后，车刀横向退出，车平台阶

技能训练

练习 车削台阶工件

1. 零件图

按图 2-18 的要求，练习车削台阶工件。

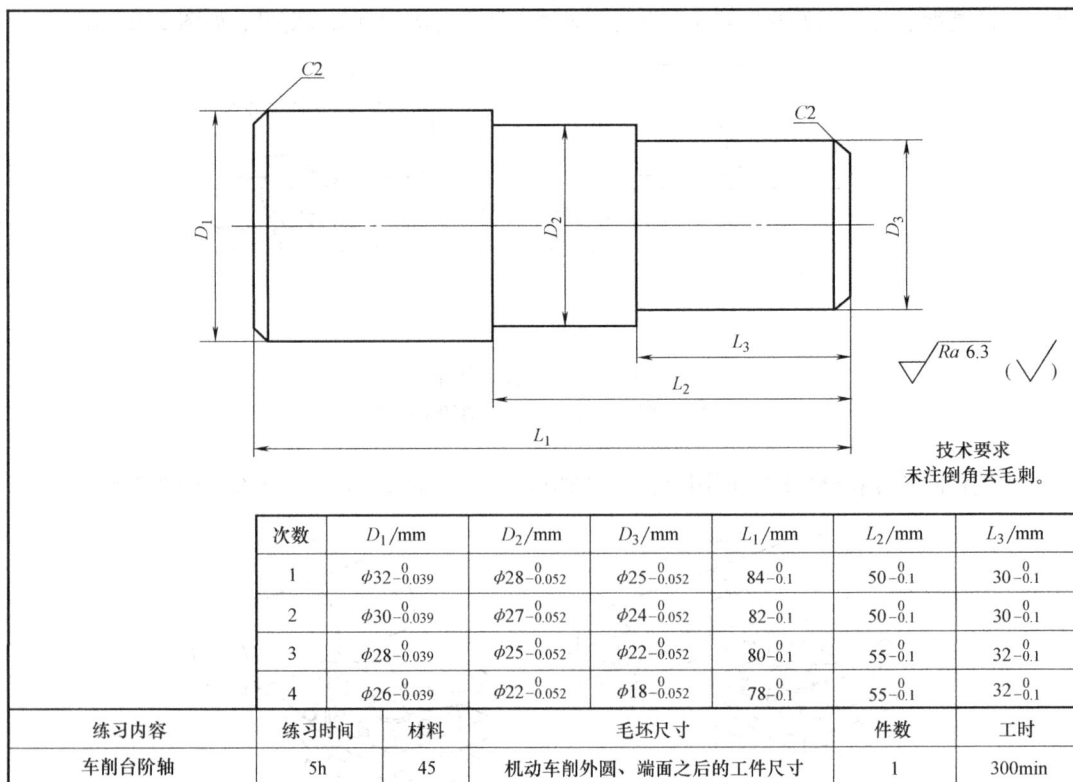

技术要求
未注倒角去毛刺。

次数	D_1/mm	D_2/mm	D_3/mm	L_1/mm	L_2/mm	L_3/mm
1	$\phi 32_{-0.039}^{0}$	$\phi 28_{-0.052}^{0}$	$\phi 25_{-0.052}^{0}$	$84_{-0.1}^{0}$	$50_{-0.1}^{0}$	$30_{-0.1}^{0}$
2	$\phi 30_{-0.039}^{0}$	$\phi 27_{-0.052}^{0}$	$\phi 24_{-0.052}^{0}$	$82_{-0.1}^{0}$	$50_{-0.1}^{0}$	$30_{-0.1}^{0}$
3	$\phi 28_{-0.039}^{0}$	$\phi 25_{-0.052}^{0}$	$\phi 22_{-0.052}^{0}$	$80_{-0.1}^{0}$	$55_{-0.1}^{0}$	$32_{-0.1}^{0}$
4	$\phi 26_{-0.039}^{0}$	$\phi 22_{-0.052}^{0}$	$\phi 18_{-0.052}^{0}$	$78_{-0.1}^{0}$	$55_{-0.1}^{0}$	$32_{-0.1}^{0}$

练习内容	练习时间	材料	毛坯尺寸			件数	工时
车削台阶轴	5h	45	机动车削外圆、端面之后的工件尺寸			1	300min

图 2-18 车削台阶轴

2. 操作步骤

图 2-18 所示工件的车削步骤见表 2-9。表中尺寸为第一次加工采用的尺寸，以后各次加工尺寸依次递减。

表 2-9 机动车削图 2-18 所示工件的外圆、端面的步骤

步 骤	操 作 内 容	备 注
1	检查毛坯尺寸	检查毛坯是否合格
2	夹一端外圆，使工件伸出 40mm，用划线盘找正。车端面。粗车外圆 $\phi32mm$，留精车余量，车削长度为 35mm。再精车至图样上所要求的精度，倒角 C2	
3	调头垫铜皮夹持尺寸为 $\phi32mm$ 的外圆，再用划线盘找正	检查工件是否同轴
4	车端面，保证总长。粗车 $\phi28mm$、$\phi25mm$，留精车余量，再精车至图样上所要求的精度，倒角 C2，去毛刺	
5	质量检测	

[注意]

① 台阶平面和外圆相交处要清角，车刀要有明显的刀尖。

② 长度尺寸的测量应从一个基面量起，以防产生累加误差。

③ 使用游标卡尺测量工件时，两量爪间的松紧程度要适当。车床未停止前，不能测量工件。

④ 转动刀架时应防止车刀与工件、卡盘相撞。

⑤ 清除铁屑时要先停车。不能直接用手清除铁屑。

⑥ 戴好防护眼镜。

课题六　车外沟槽和切断

学习目标

① 了解车槽刀和切断刀的种类与用途。

② 掌握车槽刀和切断刀的几何角度及安装方法。

③ 能磨出符合要求的车槽刀和切断刀。

④ 掌握常用车槽与切断工件的方法，学会测量工件。

知识学习

1. 车槽

在工件表面上车削沟槽的加工方法称为车槽。

根据在零件上的位置，沟槽可分为外沟槽、内沟槽与端面槽，如图 2-19 所示。

（1）车槽刀的角度及安装　车槽要用车槽刀，车槽刀的形状和几何参数如图2-20a所示。用车槽刀车槽时如同将右偏刀和左偏刀并在一起同时车左、右两个端面。如果在轴上车削半径较小的圆弧槽时，则应将车槽刀主切削刃磨成圆弧形（俗称R刀）。R刀的圆弧半径等于轴上圆弧槽半径。

车槽刀按图2-20b所示要求安装。

图2-19　沟槽的分类

a）外沟槽　b）内沟槽　c）端面槽

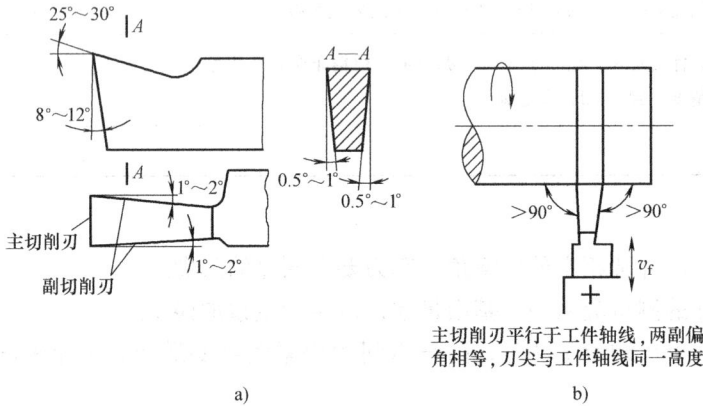

图2-20　车槽刀及安装

a）车槽刀　b）车槽刀的正确位置

（2）车外沟槽的方法

1）当车削宽度小于5mm的窄槽时，可用主切削刃与槽等宽的车槽刀，在横向进刀时一次车出。

2）车削宽度大于5mm的宽槽时，可按图2-21所示方法车削。末一次精车的顺序，如图2-21c中1、2、3所示。

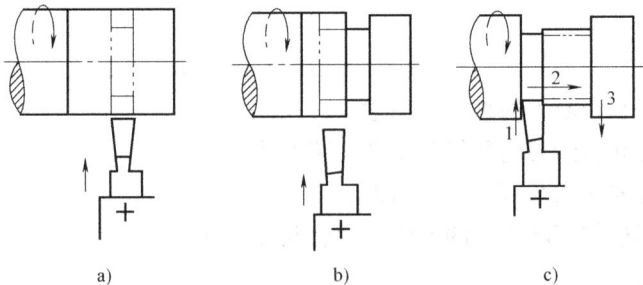

图2-21　车宽槽

a）第一次横向送进　b）第二次横向送进　c）末一次横向送进后再以纵向送进精车槽底

2. 切断

切断用切断刀。切断刀与车槽刀形状相似，但因刀头窄而长，切断时伸进工件内部时

散热条件差、排屑困难，故切断时易折断。

常用的切断方法有直进法和左右借刀法两种，如图 2-22 所示。直进法常用于切断铸铁等脆性材料，左右借刀法常用于切断钢等弹塑性材料。

[注意]

① 切断时工件一般用卡盘夹持。工件的切断处应距卡盘近些（图 2-23），以免切削时工件振动。

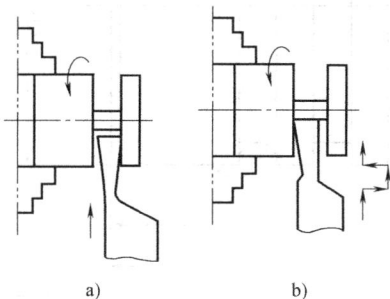

图 2-22　切断方法

a）直进法　b）左右借刀法

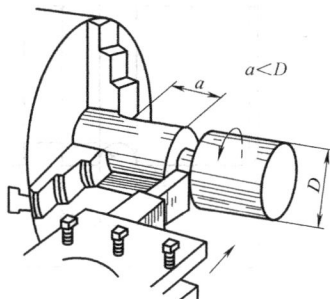

图 2-23　在卡盘上切断

② 切断刀必须正确安装。若刀尖装得过高或过低，其情形与端面车刀装得过高或过低相似，切断处均会形成凸起部分（图 2-24），且刀头易折断。车刀伸出刀架的长度不要过长，但必须保证切断时刀架不碰卡盘。有时切断可采用左右借刀法，此时切断刀减少了一个摩擦面，便于排屑，可以减少振动。

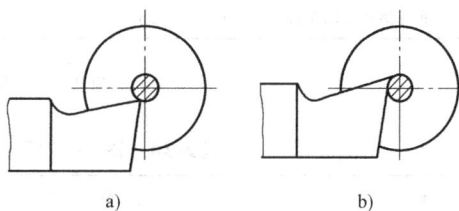

③ 切断时应降低切削速度，并尽可能减小主轴和刀架滑动部分的间隙。

图 2-24　切断刀刀尖应与工件中心等高

a）切断刀安装过低　b）切断刀安装过高

④ 切断时手动均匀而缓慢地进给，即将切断时需放慢进给速度，以免刀尖折断。

⑤ 切削钢件时需加切削液进行冷却润滑；切铸铁时一般不加切削液，但必要时可用煤油进行冷却润滑。

技能训练

练习　车外沟槽和切断

1. 零件图

按图 2-25 的要求，练习车外沟槽和切断工件。

2. 操作步骤

图 2-25 所示零件的车外沟槽和切断步骤见表 2-10。

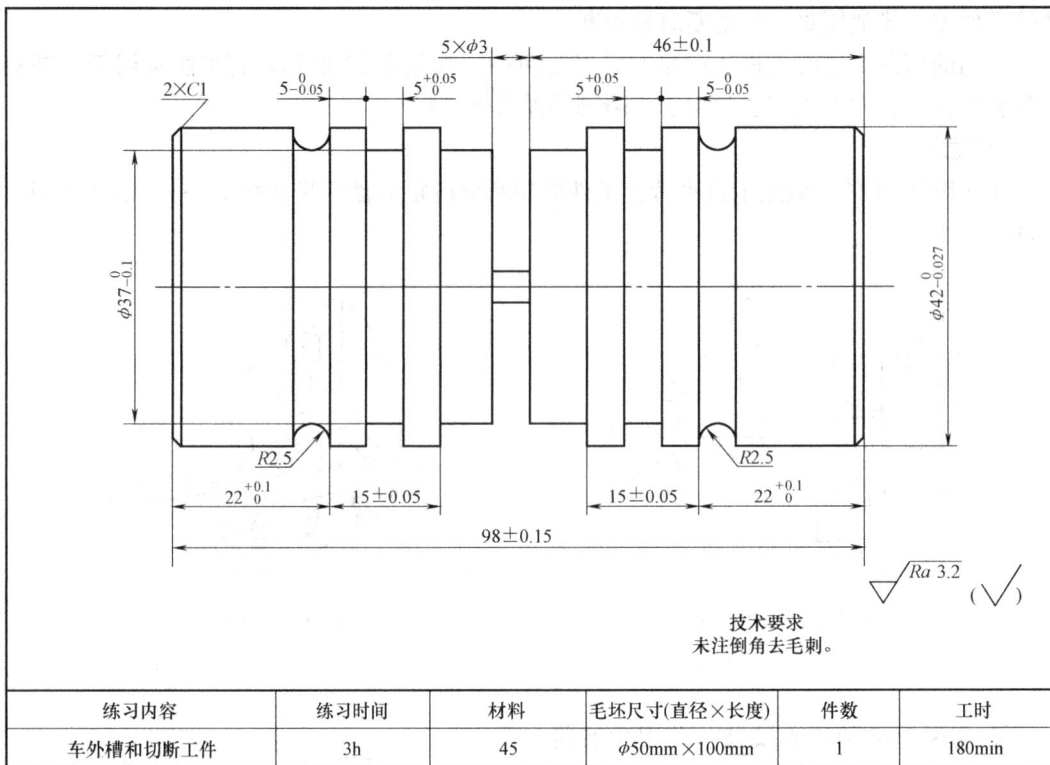

图 2-25 车外槽和切断工件

练习内容	练习时间	材料	毛坯尺寸(直径×长度)	件数	工时
车外槽和切断工件	3h	45	ϕ50mm×100mm	1	180min

表 2-10　图 2-25 所示零件的车外沟槽和切断步骤

步骤	操作内容	备注
1	检查毛坯尺寸	检查毛坯尺寸是否合格
2	夹持毛坯外圆，保证伸出长度不小于 50mm。车端面。粗、精车外圆 ϕ42mm，车槽、倒角、去毛刺	用 R2.5 的车槽刀加工工件上的 R2.5 槽
3	调头垫铜皮夹持尺寸为 ϕ42mm 的工件端，工件伸出 55mm，找正夹紧。车端面，保证总长 　粗、精车外圆 ϕ42mm，车槽、倒角、去毛刺、切断，保证工件一端尺寸为 46±0.1mm	
4	质量检测	

[注意]

① 刃磨车槽刀时，主、副偏角与副后角要对称、不可过大，否则刀头强度变差、易折断。

② 刃磨车槽刀时，注意两侧副切削刃相对于主切削刃对称和平直。

③ 车槽刀安装时，注意使主切削刃的中线与工件的轴线垂直。

④ 车槽刀使用过程中如果发现磨损，必须立即进行修磨，以防止车出内槽狭窄、外口大的喇叭口形沟槽。

⑤ 由于车槽刀的强度较差，使用时注意选择合理的切削用量。

课题七　车端面槽和切断

学习目标

① 了解端面槽的作用和加工方法。
② 掌握端面车槽刀的刃磨要求及刃磨方法。
③ 掌握车端面槽的加工方法和检测方法。
④ 进一步熟悉切断方法，保证切断面平直光洁。

知识学习

端面槽的主要作用是为了减轻重量，有些端面槽还可以卡上弹簧或装上垫圈等，其作用要根据零件的结构和作用而定。

车端面槽的方法与车外沟槽相似。但车端面槽时，切槽刀的两刀尖工作状态不同：一个刀尖相当于车外圆，另一个刀尖相当于车削内孔，所以车端面槽的刀具及加工方法与车外沟槽的要求有所不同。车端面槽的刀具形状和几何参数如图2-26所示。

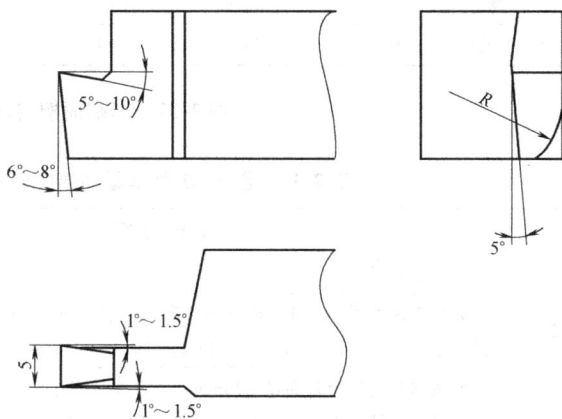

图 2-26　端面车槽刀的形状和几何参数

[注意]

刃磨端面车槽刀时，主、副偏角与副后角要对称，且角度值不可过大。刀头长度不宜过长，否则刀头强度不足、易折断。注意使两侧副切削刃相对于主切削刃对称和平直，左副后刀面要磨成圆弧形，以防止加工时其与槽壁发生摩擦。

技能训练

练习　车端面槽和切断工件

1. 零件图

按图 2-27 的要求，练习车端面槽和切断工件。

2. 操作步骤

图 2-27 所示车端面槽与切断工件步骤见表 2-11。

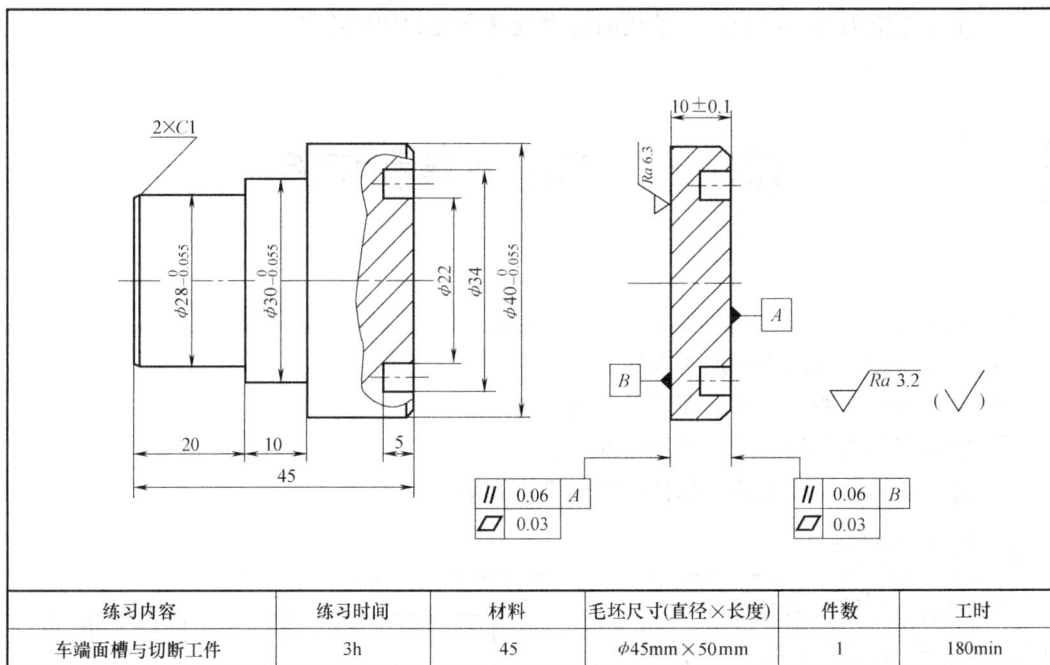

图 2-27 车端面槽与切断工件

练习内容	练习时间	材料	毛坯尺寸(直径×长度)	件数	工时
车端面槽与切断工件	3h	45	$\phi45mm×50mm$	1	180min

表 2-11 图 2-27 所示零件端面槽车削与切断工件步骤

步骤	操作内容	备注
1	检查毛坯尺寸	
2	夹持毛坯外圆，保证工件伸出长度不小于30mm。车端面。粗、精车外圆 $\phi28mm$、$\phi30mm$，保证二者长度为20mm、10mm	C1 倒角去毛刺
3	调头垫铜皮顶台阶夹持 $\phi28mm$ 外圆，找正夹紧。车端面，保证总长。粗、精车外圆 $\phi40mm$，车端面槽，保证尺寸 $\phi22mm$、$\phi34mm$、5mm	C1 倒角去毛刺
4	切断。保证切断工件尺寸为 $10±0.1mm$	
5	质量检测。检测端面平面度、平行度及表面粗糙度 Ra	

[注意]

① 安装端面车槽刀时，注意要使其主切削刃与工件的轴线垂直。

② 车端面槽时易产生振动，应合理选择转速和进给量。

课题八 钻通孔及不通孔

学习目标

① 了解钻头安装的方法和钻孔的过程。

② 掌握正确选择钻孔切削用量的方法。

③ 掌握钻不通孔和通孔的基本技能。

知识学习

1. 钻孔的方法

在车床上钻孔时，工件的旋转为主运动，钻头的移动为进给运动，如图 2-28 所示。钻孔时因孔内散热、排屑困难，麻花钻的刚性也较差，因此钻头应缓慢进给。在钢件上钻孔时通常要加切削液，以降低切削温度、提高钻头的使用寿命。

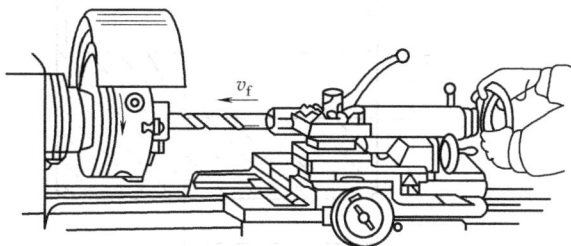

图 2-28 在车床上为工件钻孔

2. 钻孔的步骤及方法

（1）车平端面 为便于钻头定心、防止钻偏，应先将工件端面车平，最好在端面中心处车出一小坑。

（2）装夹钻头 锥柄钻头可以直接装在尾座套筒的锥孔中，直柄钻头应用钻夹头夹持。钻头锥柄和尾座套筒的锥孔必须擦干净、套紧。

（3）调整尾座位置 调整好尾座位置，在使钻头能进给至所需长度的基础上，使套筒伸出距离较短，然后将尾座固定。

（4）选择适当的切削速度 开车钻削时，切削速度不应过大，以免钻头剧烈磨损，通常取 $v_c = 0.3 \sim 0.6 \text{m/s}$。开始钻削时进给宜慢，以便使钻头准确地钻入工件，然后加大进给量。孔将钻通时，需降低进给速度，以防折断钻头。孔钻完后，先退出钻头，然后停车。

钻削过程中，需经常退出钻头排屑。钻削钢件时，需加切削液。

钻孔的精度低、表面粗糙，因此，钻孔常作为扩孔、铰孔或车孔的预备工序。

技能训练

练习 钻通孔及不通孔

1. 零件图

按图 2-29 的要求，完成通孔及不通孔的加工。

2. 操作步骤

钻孔的操作步骤见表 2-12。

表 2-12 图 2-29 所示零件钻孔操作步骤

步　　骤	操　作　内　容
1	检查毛坯尺寸
2	夹工件一端车外圆、车端面、倒角
3	调头夹持工件另一端，找正夹紧。车端面，保证总长。钻中心孔定心，钻 $\phi18\text{mm}$ 孔，倒角
4	质量检测

技术要求
1. 未注倒角去毛刺;
2. 所有表面的表面粗糙度Ra值均要求为3.2μm。

练习内容	练习时间	材料	毛坯尺寸(直径×长度)	件数	工时
钻通孔及不通孔	1h	45	φ50mm×50mm、φ50mm×30mm	各一件	60min

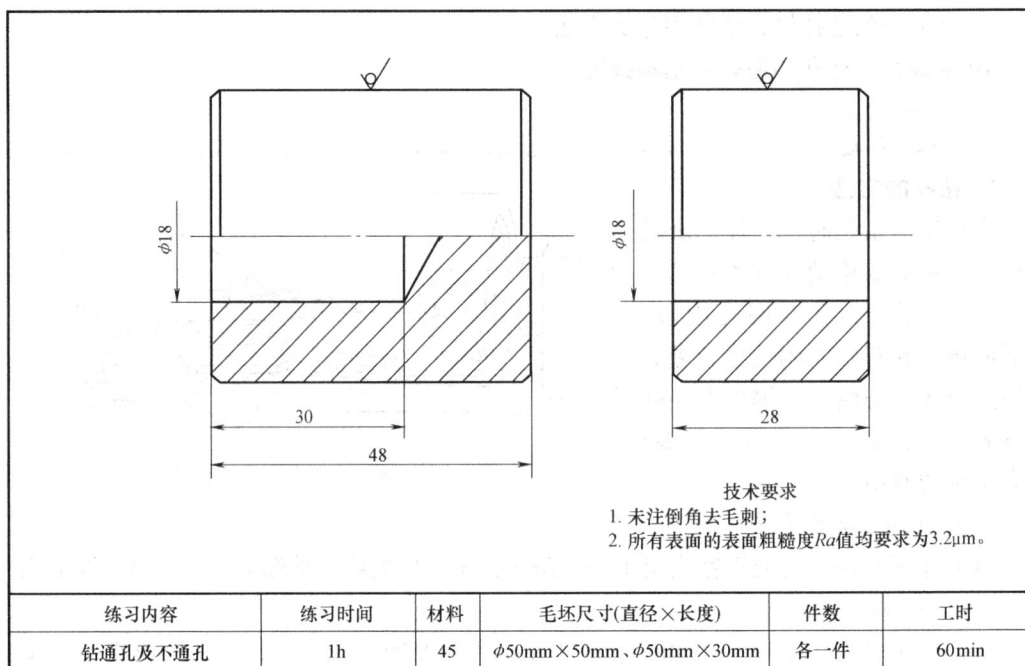

图2-29　钻通孔及不通孔

[注意]

① 起钻时要慢，钻头前部分进入工件后才可正常钻削。

② 钻通孔时注意，孔即将被钻通时应减小进给速度，以防止卡死和损坏锥柄、锥孔。

③ 钻削深孔时要经常排屑，以防止钻头"咬死"或折断。

④ 钻孔时要正确选用转速。钻头直径小，则转速应选高一点；反之应选低一点。

课题九　车通孔及不通孔

学习目标

① 掌握内孔车刀的安装方法与车孔的方法。

② 掌握孔径的测量方法与孔径尺寸的控制方法。

③ 掌握车平底孔的方法和要求。

④ 掌握合理控制孔深的方法和孔的测量方法。

知识学习

1. 车孔的方法

在车床上车孔可以扩大孔径、提高精度、降低表面粗糙度和纠正原孔的轴线偏差。车孔刀制造简单。其刀杆细而长，刀头较小，可以加工大直径和非标准孔，通用性强。图

2-30所示为车孔时车孔刀的工作情形。

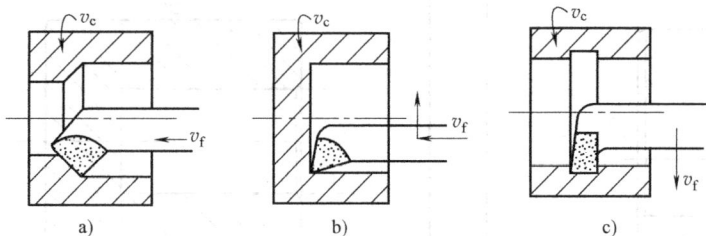

图2-30 车孔工作
a）车通孔 b）车不通孔 c）车槽

2. 车孔的步骤和要领

1）选择和安装车刀。车通孔应选用通孔车刀，车不通孔应选用不通孔车刀。车刀杆应尽可能粗些，伸出刀架的长度应尽可能小，以免颤动。刀尖应与孔中心等高或略高于孔中心。刀杆中心线应大致平行于纵向进给方向。

2）选择切削用量和调整机床。车孔时因刀杆细、刀头散热体积小，且不加切削液，因此，车削用量应比车外圆时小些。

3）先粗车试切，调整背吃刀量，而后以自动进给方式进行切削。试切方法与车外圆时类似。调整背吃刀量，必须注意使车刀横向进退方向与车外圆时相反。

4）精车时背吃刀量和进给量应更小。调整背吃刀量时应利用刻度盘，并用游标卡尺检查工件孔径。当孔径接近最后尺寸时，应以很小的背吃刀量车削几次，以消除孔的锥度。

3. 孔的测量方法

可用内卡钳和金属直尺测量孔径，也常用游标卡尺测量孔径和孔深。对于精度要求高的孔可用内径千分尺或内径百分表测量。对于大批量生产的工件可用塞规测量。

技能训练

练习 车通孔及不通孔

1. 零件图

分别按图2-31和图2-32要求车通孔和不通孔。

2. 操作步骤

车通孔（图2-31）和车不通孔（图2-32）的操作步骤见表2-13。

表2-13 车通孔、不通孔操作步骤

步　骤	项　目	操　作　内　容
1	车通孔	① 夹一端，找正夹紧，粗、精车孔至尺寸 D，倒角
		② 调头夹工件另一端，找正夹紧，倒角
2	车不通孔	夹一端，找正夹紧。粗、精车孔至尺寸 D 以及长度尺寸 L，孔口倒角

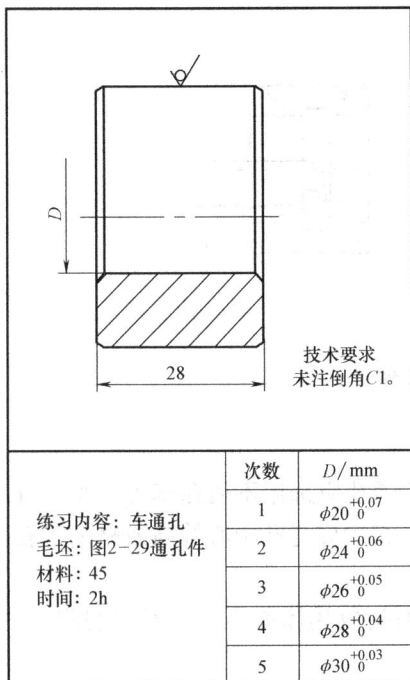

图 2-31　车通孔

次数	D/mm
1	$\phi20^{+0.07}_{0}$
2	$\phi24^{+0.06}_{0}$
3	$\phi26^{+0.05}_{0}$
4	$\phi28^{+0.04}_{0}$
5	$\phi30^{+0.03}_{0}$

练习内容：车通孔
毛坯：图2-29通孔件
材料：45
时间：2h

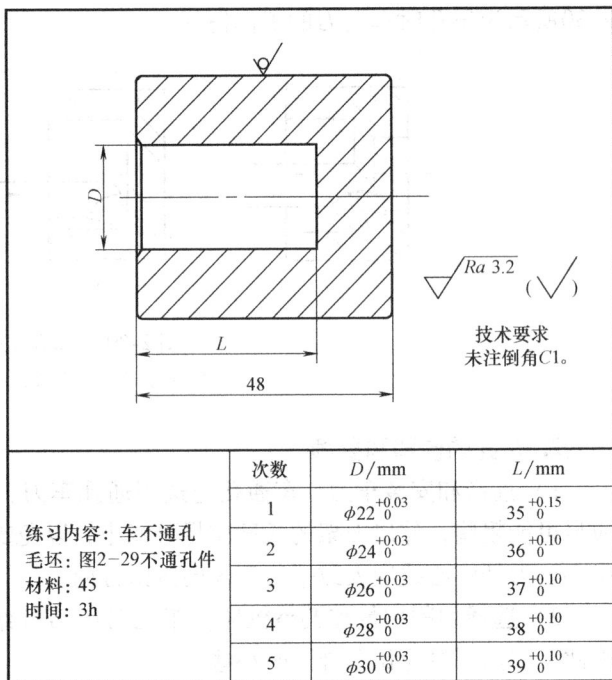

图 2-32　车不通孔

次数	D/mm	L/mm
1	$\phi22^{+0.03}_{0}$	$35^{+0.15}_{0}$
2	$\phi24^{+0.03}_{0}$	$36^{+0.10}_{0}$
3	$\phi26^{+0.03}_{0}$	$37^{+0.10}_{0}$
4	$\phi28^{+0.03}_{0}$	$38^{+0.10}_{0}$
5	$\phi30^{+0.03}_{0}$	$39^{+0.10}_{0}$

练习内容：车不通孔
毛坯：图2-29不通孔件
材料：45
时间：3h

[注意]

（1）车通孔

① 装刀时要注意不要使刀杆和孔壁接触。

② 车孔时滑板进、退刀的方向应与车外圆时相反。

③ 用内径百分表测量孔径时，孔的余量须小于0.3mm。

④ 内孔车刀的刚性较差，需要保持切削刃的锋利和合理地选择切削用量。

⑤ 用内径百分表测量孔径时要注意百分表的读法，防止读错。

（2）车不通孔

① 车平底孔时刀尖必须严格对准工件的旋转中心，否则孔底无法车平。

② 当车刀接近孔底时，应停止自动进给，应用手动进给方式，以防止车刀碰撞孔底、撞坏车刀。

③ 孔加工时视线会被影响，要通过手感和声音判断切削状况。

④ 如果用塞规检查不通孔孔径，要开排气槽，否则难以测量。

课题十　车削圆锥面

学习目标

① 了解车削圆锥面的加工方法。

② 掌握转动小滑板车削圆锥体的方法。

③ 能根据工件的锥度，计算小滑板的转动角度。

④ 了解圆锥体的锥度检查方法。

⑤ 掌握用游标万能角度尺测量圆锥体的方法。

知识学习

1. 车削圆锥面的方法

在机械制造中，除采用圆柱体和圆柱孔作为配合表面外，还广泛采用圆锥体和圆锥孔作为配合表面。圆锥面配合紧密，不但装拆方便，而且多次拆卸后仍能保证准确的定心作用，锥度较小的锥面还可传递转矩，所以应用很广。常用的车削圆锥面的方法有以下几种。

（1）宽刀法　如图 2-33 所示，用与工件轴线成锥面斜角 α 的平直切削刃（长度略大于待加工锥面长度）直接车圆锥面。此法的优点是方便、迅速、能加工任意角度的圆锥面；缺点是加工的圆锥体不能太长，并要求机床与工件具有较好的刚性。宽刀法适用于批量生产中加工较短的内外圆锥面。

（2）转动小滑板法　如图 2-34 所示，根据零件锥角 2α，将小滑板旋转 α 角（中滑板上有刻度），紧固转盘后转动小滑板手柄，即可斜向进给车出圆锥面。此法操作简单，能保证一定的加工精度，可车内、外圆锥面及锥角很大的圆锥面，因此应用广泛。但其加工长度受小滑板行程的限制，只能手动进给，圆锥面表面粗糙度较大。单件、小批量生产中常用此法。

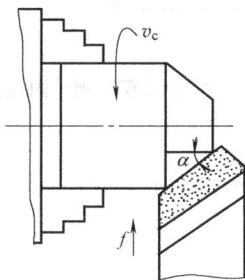

图 2-33　宽刀法车削锥面

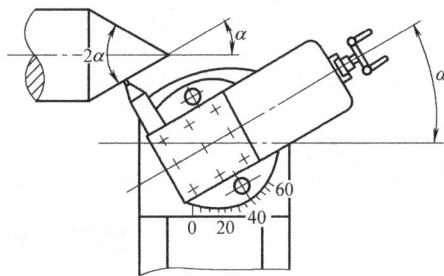

图 2-34　转动小滑板车削圆锥面

2. 圆锥面工件的测量

圆锥面的测量主要是测量圆锥角度和圆锥面尺寸。

（1）圆锥角度的测量　调整车床试切后，需测量圆锥面的角度是否正确。如不正确，需重新调整车床，再试切直至测量的圆锥面角度符合图样的要求，才可进行正式车削。常用锥形套规（图 2-35a）、锥形塞规（图 2-35b）或游标万能角度尺测量。

用游标万能角度尺测量工件的角度，这种方法测量范围大，测量精度为 2′~5′。

（2）圆锥面尺寸的测量　圆锥角达到图样要求后，再进行锥面长度及其大小端的车削。常用锥形套规测量外锥面的尺寸，如图 2-36 所示；用锥形塞规测量内锥面的尺寸，如图 2-37 所示。还可用卡尺测量圆锥面的大端或小端的直径来控制锥体的长度。

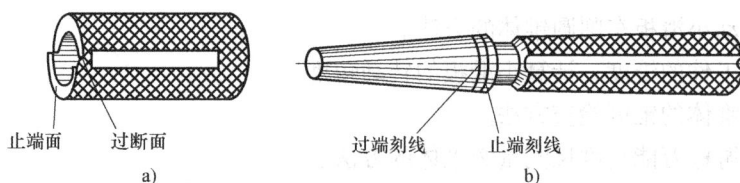

图 2-35　锥形套规与锥形塞规

a）锥形套规　b）锥形塞规

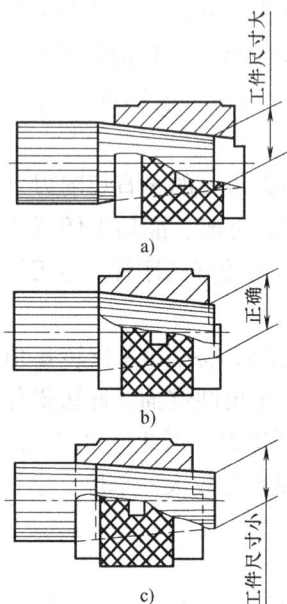

图 2-36　用锥形套规测量外锥面尺寸

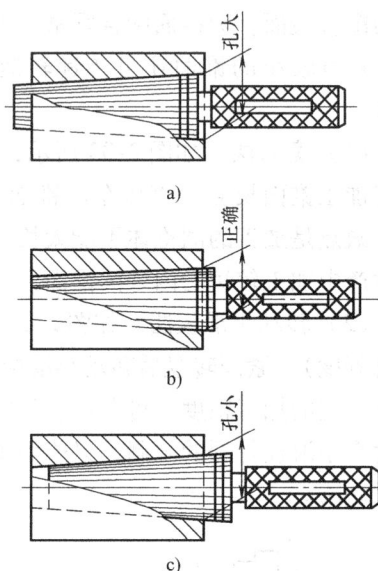

图 2-37　用锥形塞规测量内锥面尺寸

技能训练

练习　车削圆锥面

1. 零件图

按图 2-38 要求完成车削圆锥面加工。

2. 操作步骤

图 2-38 所示零件圆锥面的加工步骤及要求见表 2-14。

表 2-14　图 2-38 所示零件圆锥面的加工步骤及要求

步　骤	操　作　内　容	备　　注
1	装夹工件，找正夹紧，保证伸出长度。车端面。粗、精车外圆，保证尺寸	
2	转动小滑板调整角度（α）车圆锥面，倒角去毛刺	$C = (D - d)/L = 2\tan\alpha$
3	切断，要求余料长度≥45mm	
4	质量检测	

技术要求
1. 未注倒角去毛刺。
2. 表面粗糙度 Ra 值要求为3.2μm。

次数	D/mm	C	L/mm	α
1	$\phi42\pm0.02$	1:10	30	2°52′
2	$\phi38\pm0.02$	1:10	35	2°52′
3	$\phi32\pm0.02$	1:5	40	5°43′

练习内容	练习时间	材料	毛坯尺寸(直径×长度)	件数	工时
车削圆锥面	4h	45	$\phi45mm\times100mm$	1	180min

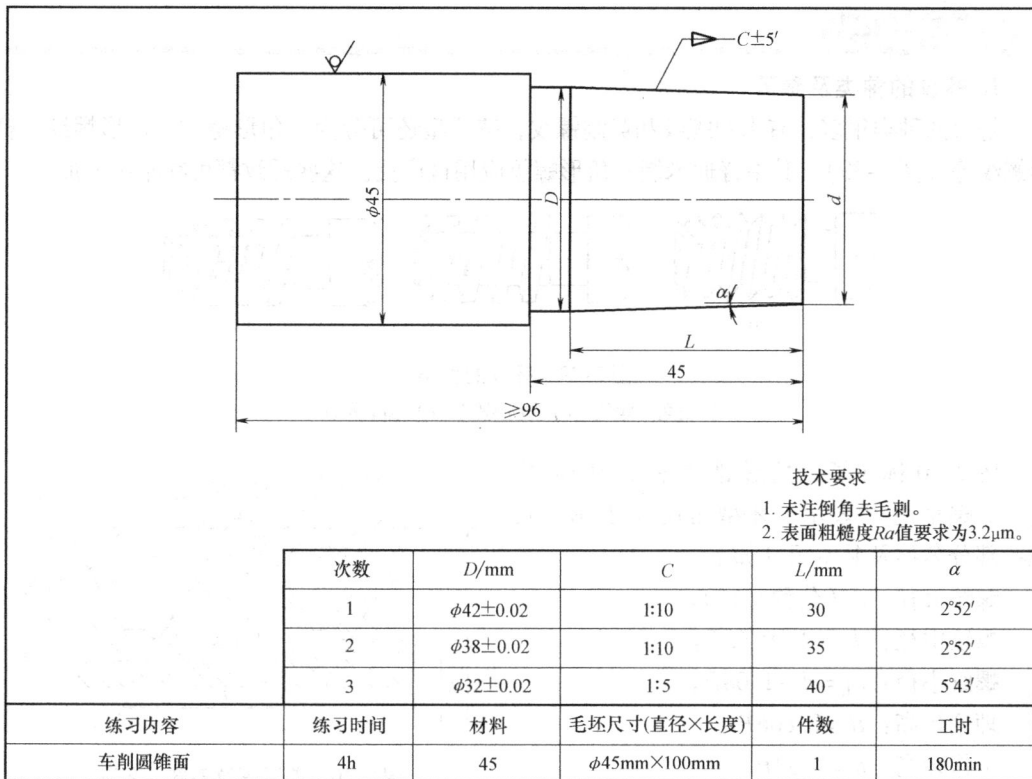

图 2-38 车削圆锥面

[注意]

① 安装车刀时刀尖必须对准工件旋转中心,避免产生双曲线误差。

② 转动小滑板时,应使小滑板旋转角度略微大于圆锥半角,然后再逐步找正,注意车刀与工件之间的间隙对锥度的影响。

③ 车削圆锥表面时,小滑板不宜过松,以防止圆锥表面产生高低波纹。

④ 粗车时背吃刀量不宜过大,以防止将工件车小,产生废品。

⑤ 精车时要均匀转动小滑板,以保证满足工件表面粗糙度要求。

⑥ 车刀要始终保持锋利,圆锥面要一刀车出。

课题十一 车三角形外螺纹

学习目标

① 了解螺纹的种类及相关参数。

② 掌握螺纹车刀的对刀方法。

③ 正确操作车床加工外三角形螺纹。

知识学习

1. 螺纹的种类及参数

螺纹的种类很多，有米制螺纹和英制螺纹，按牙型还可分为三角形螺纹、矩形螺纹、梯形螺纹等（图 2-39）。其中普通米制三角形螺纹应用最广泛。这些螺纹都可在车床上加工。

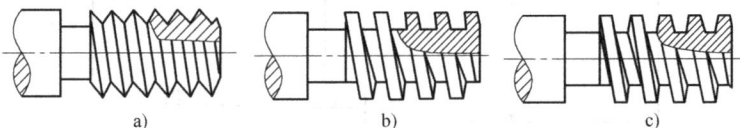

图 2-39　螺纹的种类

a）三角形螺纹　b）矩形螺纹　c）梯形螺纹

图 2-40 标注了三角形螺纹各部分的名称代号。螺距用 P 表示，牙型角用 α 表示，其他各部分名称及基本尺寸如下。

螺纹大径：d（公称直径）。

螺纹中径：$d_2 = d - 0.65P$。

螺纹小径：$d_1 = d - 1.08P$。

理论牙高：$H = 0.866P$。

工作牙高：$h = 0.54P$。

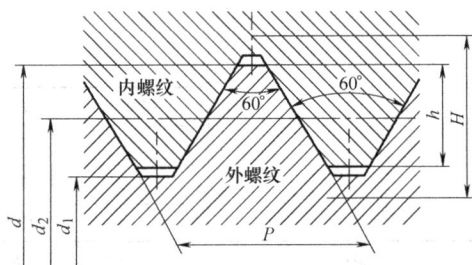

图 2-40　普通螺纹各部分名称

（1）牙型角 α　牙型角是在轴线方向剖面内，螺纹两侧面所成的夹角。米制三角形螺纹 $\alpha = 60°$，英制螺纹 $\alpha = 55°$。

（2）螺距 P　轴向螺距是沿轴线方向相邻两牙对应点之间的距离。米制螺纹的螺距以 mm 为单位，且已标准化。英制螺纹的螺距以每英寸牙数来表示。

（3）螺纹中径 d_2　它是平分螺纹理论牙高 H 的一个假想圆柱体直径。在中径处螺纹牙厚与槽宽相等。只有当内外螺纹的中径都一致时，二者才能很好地配合。

车削螺纹时，上述三个要素都必须符合要求，螺纹才是合格的。

2. 车螺纹的传动原理

车螺纹时，为了获得准确的螺距，必须用丝杠带动刀架进给，使工件每转一周，刀具移动的距离等于螺纹的螺距。此时，主轴至丝杠的传动路线如图 2-41 所示。由图可见，更换交换齿轮或改变进给箱传动比，即可改变丝杠的转速，从而车出不同螺距的螺纹。

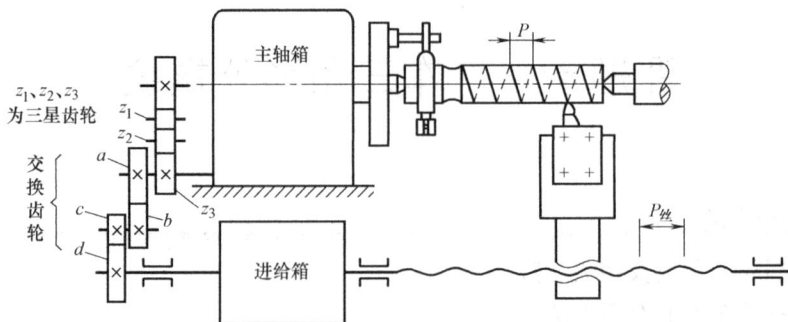

图 2-41　车螺纹的传动原理

3. 螺纹车刀及安装

为了获得准确的螺纹截面形状，螺纹车刀的刀尖角 ε_r，应与被切螺纹的截面形状相符，同时使车刀前角 $\gamma_0 = 0°$。粗车精度要求较低的螺纹时，车刀常带有 $5° \sim 15°$ 正前角，以便顺利切削。

安装螺纹车刀时，车刀刀尖必须与工件中心等高，否则螺纹将有改变。此外，车刀刀尖角的等分线须垂直于工件回转中心线。为了保证这一要求，应用对刀样板来安装车刀，如图 2-42 所示。

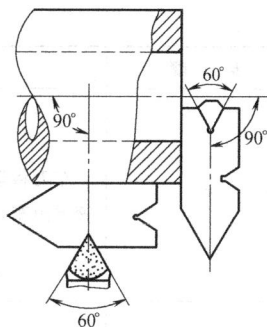

图 2-42　螺纹车刀的形状及安装要求

4. 机床调整及工件安装

根据螺纹的旋向调整三星齿轮，使之与螺纹的旋向相同。根据螺距的大小，选定进给箱的手柄位置或交换齿轮。脱开光杠进给机构，改由丝杠传动。

应选取较低的主轴转速，以便顺利切削及有充分时间退刀。为使刀具移动均匀、平稳，须调整中滑板与导轨的间隙、丝杠与螺母的间隙。

在车削过程中，工件对主轴如有微小的松动即会导致螺纹形状或螺距的不正确，因此工件必须装夹牢固。

5. 操作步骤与方法

车削螺纹的操作步骤与方法见表 2-15。

表 2-15　车削螺纹的操作步骤与方法

步　骤	操作内容	操作示意图
1	开车，使车刀与工件轻微接触后，记下刻度盘读数，向右退出车刀	
2	合上对开螺母在工件表面车出一条螺旋线，横向退出车刀，停车	
3	开反车使车刀退到工件右端，停车，用金属直尺检查螺距是否正确	
4	利用刻度盘调整背吃刀量，开车切削	

（续）

步　骤	操作内容	操作示意图
5	车刀将至行程终了时，应做好退刀停车准备，先快速退出车刀，然后停车，开反车退回刀架	
6	再次横向进给，继续切削，其切削过程如右图	

技能训练

练习　车削三角形外螺纹

1. 零件图

按图 2-43 要求完成车削螺纹加工。

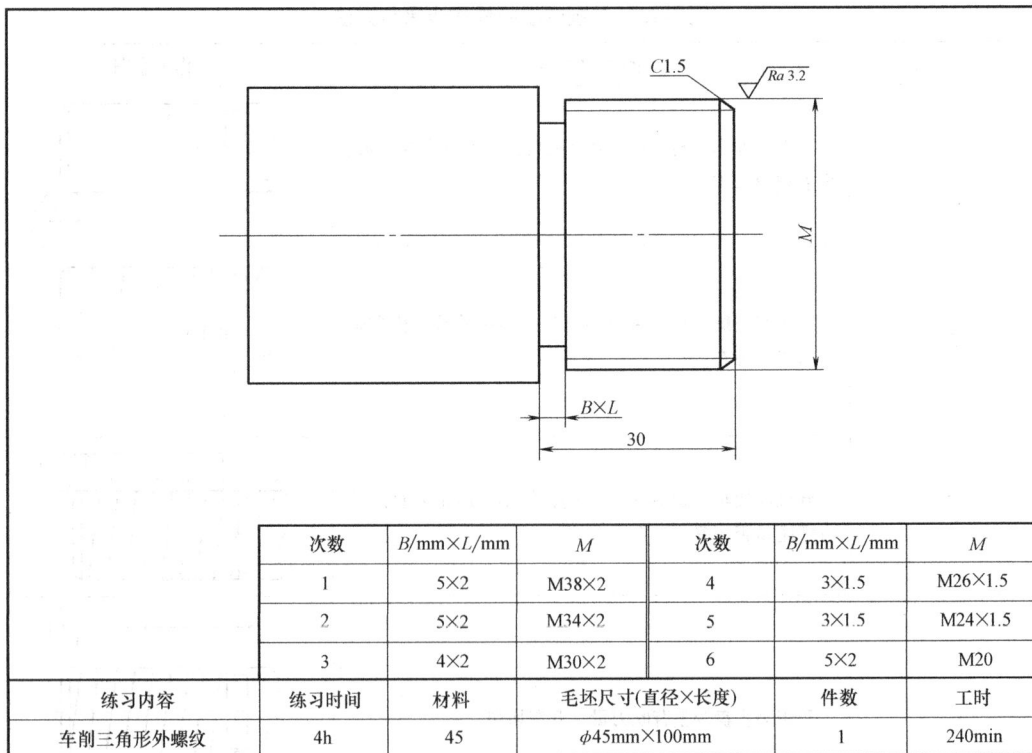

次数	B/mm×L/mm	M	次数	B/mm×L/mm	M
1	5×2	M38×2	4	3×1.5	M26×1.5
2	5×2	M34×2	5	3×1.5	M24×1.5
3	4×2	M30×2	6	5×2	M20
练习内容	练习时间	材料	毛坯尺寸(直径×长度)	件数	工时
车削三角形外螺纹	4h	45	ϕ45mm×100mm	1	240min

图 2-43　车削三角形外螺纹

68

2. 操作步骤

车削图 2-43 所示零件的三角形外螺纹操作步骤及要求见表 2-16。

表 2-16　车削图 2-43 所示零件的三角形外螺纹操作步骤及要求

步　骤	操 作 内 容	备　　注
1	装夹工件，找正夹紧，保证伸出长度。车端面，粗、精车外圆（外圆偏差为 -0.20 ~ -0.15mm），保证长度为 30mm，倒角	
2	切槽 $B \times L$	
3	调整车床，车螺纹	
4	质量检测：螺纹快要车尖时，就要锉去毛刺，用螺纹量规测量中径或用与之配合的螺母检验	

[注意]

① 磨刀时要注意主、副切削刃的对称和平直，以保证加工出的螺纹牙型正确。

② 车螺纹前要检查车床的手柄位置，防止出错。

③ 不可以用手或棉纱擦工件，防止发生事故。

④ 车削时要防止中滑板出现多进一圈的情况，以免造成工件和刀具的损坏，甚至发生事故。

⑤ 倒车时，要注意退刀时的空行程，防止退刀时损坏刀具。

⑥ 换刀后，要重新对刀，以防止发生乱扣现象。

⑦ 合理运用进刀方式，防止发生崩刃与振纹。

模块三

铣工实训

课题一 铣床的操作与调整

学习目标

① 了解 X6132 型卧式铣床各主要部件的名称和各主要操作部分的位置、功能。

② 掌握 X6132 型卧式铣床各主要操作部分的操作步骤和方法。

③ 遵守操作规程，培养正确操作铣床的基本技能。

知识学习

生产中应用较广的铣床为 X6132 型卧式铣床。

1. X6132 型卧式铣床的外形和各操作部分位置图（图 3-1）

2. X6132 型卧式铣床操纵机构及功能

（1）X6132 型卧式铣床各电器名称及功能（表 3-1）

表 3-1　X6132 型卧式铣床各电器名称及功能

件　号	名　称	功　能
25	按钮	控制主轴起动、停止及快速进给
26	主轴换向开关	逆时针转动时，主轴电动机正转；反之反转
27	电源开关	逆时针转动时，接通机床电源，反之断开
28	圆工作台开关	接通后圆工作台能机动回转
29	冷却泵开关	控制冷却泵电动机的起动或停止

（2）X6132 型卧式铣床的变速机构及功能（表 3-2）

表 3-2　X6132 型卧式铣床的变速机构及功能

件　号	名　称	功　能
7	主轴变速机构	主轴变速手柄与主轴变速转数盘配合，可进行主轴变速操作
8	进给变速机构	进给变速手柄与进给变速转数盘配合，可进行进给变速操作

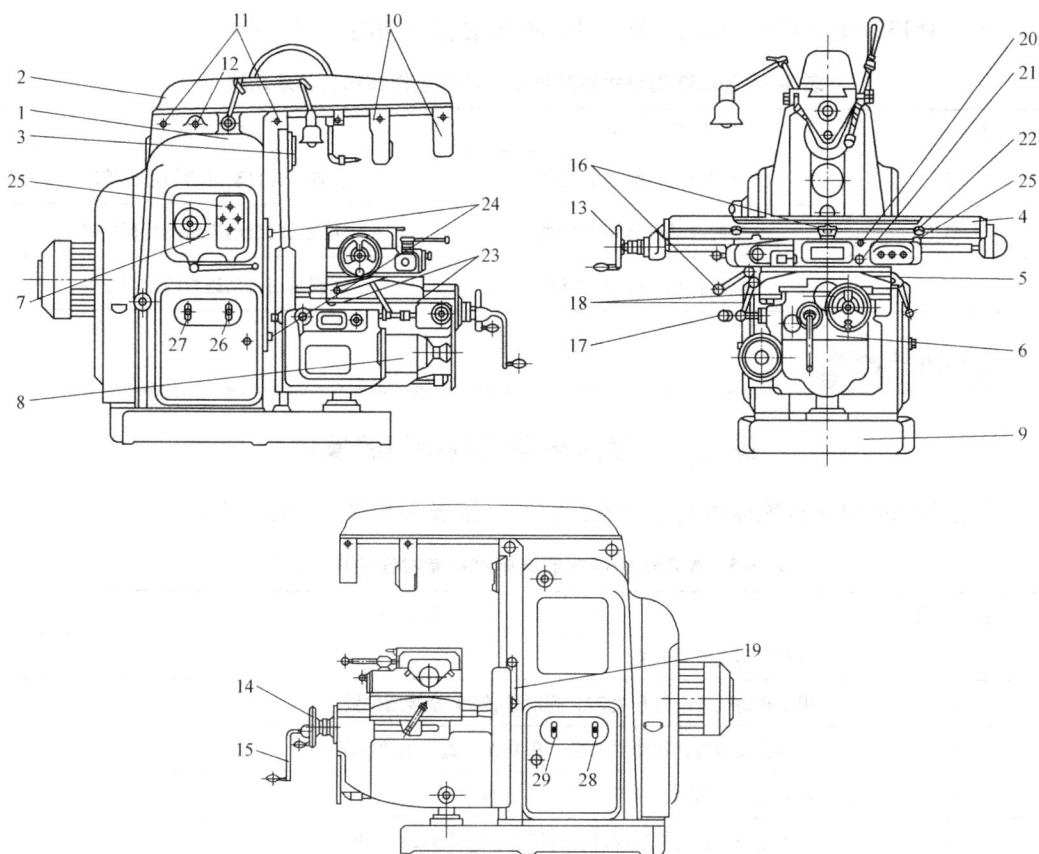

图 3-1 X6132 型卧式铣床的外形和各操作部分位置图

1—床身 2—横梁 3—主轴 4—纵向工作台 5—横向工作台 6—升降台 7—主轴变速机构 8—进给变速机构 9—底座 10—挂架 11—横梁紧固螺钉 12—横梁移动方头 13—纵向手动进给手柄 14—横向手动进给手柄 15—垂向手动进给手柄 16—纵向自动进给手柄 17—横向和垂向自动进给手柄 18—横向紧固手柄 19—垂直紧固手柄 20—纵向紧固螺钉 21—回转盘紧固螺钉 22—纵向自动进给停止挡铁 23—横向自动进给停止挡铁 24—垂向自动进给停止挡铁 25—按钮 26—主轴换向开关 27—电源开关 28—圆工作台开关 29—冷却泵开关

（3）X6132 型卧式铣床工作台部分进给操作装置的名称及功能（表3-3）

表3-3 X6132 型卧式铣床工作台部分进给操作装置的名称及功能

件　号	名　称	功　能
13	纵向手动进给手柄	实现纵向手动进给运动
14	横向手动进给手柄	实现横向手动进给运动
15	垂向手动进给手柄	实现垂向手动进给运动
16	纵向自动进给手柄	实现纵向自动进给运动
17	横向和垂向自动进给手柄	实现横向及垂向自动进给运动
18	横向紧固手柄	紧固或松开横向工作台
19	垂直紧固手柄	紧固或松开垂向工作台
20	纵向紧固螺钉	紧固或松开纵向工作台

（4）X6132 型卧式铣床自动进给停止挡铁的名称及功能（表 3-4）

表 3-4　X6132 型卧式铣床自动进给停止挡铁的名称及功能

件　　号	名　　称	功　　能
22	纵向自动进给停止挡铁	实现纵向自动进给的行程控制
23	横向自动进给停止挡铁	实现横向自动进给的行程控制
24	垂向自动进给停止挡铁	实现垂向自动进给的行程控制

技能训练

练习一　铣床电器控制按钮的操作

熟悉 X6132 型卧式铣床各电器控制按钮，并按表 3-5 顺序进行操作。

表 3-5　X6132 型卧式铣床电器控制按钮的操作步骤

步　　骤	操 作 内 容
1	打开车间电源总开关
2	用手转动铣床电源开关 27，逆时针转 90°至接通位置
3	逆时针或顺时针转动主轴换向开关 26，选择主轴旋向
4	若需使用切削液，打开冷却泵开关 29
5	若需使圆工作台自动回转，将圆工作台开关 28 接通
6	按下起动按钮，观察，按下停止按钮

[注意]

① 使用前检查铣床是否已良好接地。

② 使用前摇动各进给手柄，作手动进给检查。

③ 安全用电。

练习二　主轴、进给变速操作

熟悉 X6132 型卧式铣床主轴、进给变速机构，并按表 3-6 顺序进行操作。

表 3-6　X6132 型卧式铣床主轴、进给变速机构的操作

步　　骤		操 作 内 容
1	主轴 变速	① 用右手握住主轴变速机构 7 的手柄，将其扳向左边
		② 用左手转动主轴变速转数盘，把所需的转速数字对准指示箭头
		③ 将主轴变速机构 7 的手柄扳回原来的位置
		④ 起动机床，观察，停止
2	进给 变速	① 用双手握住进给变速机构 8 的手柄向外拉出
		② 转动手柄，使进给变速手柄转数盘上所需的转速数字对准指示箭头
		③ 将进给变速机构 8 的手柄推回原来的位置

[注意]

① 主轴变速时，扳动手柄时要求推动速度快一些；在接近最终位置时，推动速度减慢，以便齿轮啮合。主轴转动时，严禁进行变速。

② 主轴变速时，连续变换的次数不宜超过三次。如果必要时隔5min后再进行变速，以免因启动电流过大，导致电动机线路被烧坏。

③ 进给变速时，若手柄无法推回原位，应转动转数盘或将机动手柄开动一下。机动进给时，严禁变换进给速度。

练习三　工作台部分进给操作

工作台部分进给操作步骤见表3-7。

表3-7　工作台部分进给操作步骤

步　骤		操　作　内　容
1	工作台部分手动进给	① 用双手握住纵向手动进给手柄13，略加力向里推，顺时针或逆时针摇动，实现纵向手动进给
		② 用双手握住横向手动进给手柄14，略加力向里推，顺时针或逆时针摇动，实现横向手动进给
		③ 用双手握住垂向手动进给手柄15，略加力向里推，使手柄离合器接合，顺时针或逆时针摇动，实现垂向手动进给
2	工作台部分机动进给	① 起动机床，用手握住纵向自动进给手柄16。向左扳动，工作台向左进给；向右扳动，工作台向右进给
		② 用手握住横向和垂向自动进给手柄17。向上扳动，工作台向上进给；向下扳动，工作台向下进给；向前扳动，工作台向里进给；向后扳动，工作台向外进给
3	工作台部分快速移动	先扳动任一方向的自动进给手柄，再按工作台快速移动按钮，可实现工作台任一方向的快速移动；放开按钮，快速移动立即停止。停机

[注意]

（1）手动进给注意事项

① 当工作台被锁紧时，不允许摇动进给手柄进给。

② 当手柄超过所需刻线时，不能将手柄直接退回到刻线处，应将手柄退回约一圈，再摇回至刻线处，以消除间隙。

③ 摇转手柄时，速度要均匀适当。摇转后应将手柄离合器与丝杠脱开，以防伤人。

（2）自动进给注意事项

① 当工作台某方向被锁紧时，不允许在该方向自动进给。

② 自动进给完毕，应将自动进给手柄扳回到停止位置上。

③ 不允许两个或多个方向同时进给。

（3）其他注意事项

① 加工时，当工作台沿某一方向进给时，为减少振动，其他两个方向应紧固。

② 使用圆工作台自动进给时，应先将转换开关接通，再起动机床。

练习四　自动进给停止挡铁的调整

X6132 型卧式铣床自动进给停止挡铁调整步骤见表 3-8。

表 3-8　X6132 型卧式铣床自动进给停止挡铁调整步骤

步　骤	操　作　内　容	
1	纵向自动进给停止挡铁的调整	用专用内六角扳手松开纵向工作台上左右两块挡铁 22 上的螺母，将挡铁移到要求的位置上，再将螺母拧紧
2	横向自动进给停止挡铁的调整	用 14 ~ 17mm 的呆扳手松开横向工作台上两块挡铁 23 上的螺母，将挡铁移到要求的位置上，再将螺母拧紧
3	垂向自动进给停止挡铁的调整	用 14 ~ 17mm 的呆扳手松开垂向工作台上两块挡铁 24 上的螺母，将挡铁移到要求的位置上，再将螺母拧紧
4	起动机床，自动进给。观察，停止	

[注意]

纵向、横向、垂向三个方向的机动进给停止挡铁应在限位柱范围内，且限位柱不准随意拆掉，以防止出现事故。

课题二　铣床的润滑和维护保养

学习目标

① 了解铣床的润滑方式、润滑位置。
② 掌握铣床的润滑操作步骤和方法。
③ 掌握铣床的日常维护保养方法，养成良好的操作习惯。

知识学习

为保证铣床的工作精度、延长其工作寿命，必须经常地正确润滑和维护保养机床。

1. X6132 型卧式铣床的润滑

机床的润滑首先要根据机床说明书的要求，定期加油和调换润滑油。注油工具一般使用注油枪。X6132 型卧式铣床的润滑位置如图 3-2 所示。

2. X6132 型卧式铣床的维护保养

（1）机床滑动面的保养　机床起动之前，要将导轨面、台面、丝杠等各滑动面擦净并涂上润滑油。操作时不应将工具、毛坯及杂物等放置在导轨面及台面上。工作完毕后，必须清除铁锈和油污杂物，擦干净各滑动部位后上油，以防生锈。

（2）及时排除机床故障　操作时，发现机床工作过程中有异常现象和声响时，应停止使用，请机修工及时排除故障。

（3）合理使用机床　操作工人必须具有岗位责任感，离开岗位时必须关掉机床。操作

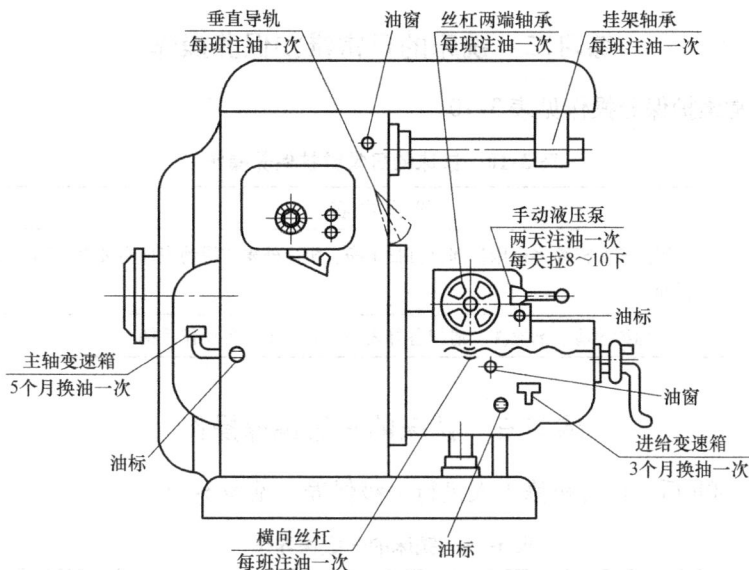

图 3-2 X6132 型卧式铣床的润滑位置

铣床必须掌握一定的基本常识,如合理选用铣削用量、铣削方法,正确使用各种工夹具,合理选择刀具,熟练掌握各手柄的操作等。同时,还必须熟悉所操作机床的最大负荷、极限尺寸(即行程等主要规格)以及使用范围,以保证使机床不做超负荷工作。

技能训练

练习一 X6132 型卧式铣床的润滑操作

X6132 型卧式铣床的润滑操作见表 3-9。

表 3-9 X6132 型卧式铣床的润滑操作

操 作 内 容	
每班注油一次	① 垂直导轨处的油孔是弹子油杯,注油时应将注油枪嘴压住弹子后注入
	② 纵向工作台两端的油孔各有一个弹子油杯,注油方法同垂直导轨油孔注油方法
	③ 横向丝杠处,用油枪直接注射于丝杠表面,并摇动横向工作台,使整个丝杠都注到油
	④ 导轨滑动面,工作前、后擦净表面后注油
	⑤ 手动液压泵在纵向工作台左下方。注油时开动纵向自动进给,使工作台往复移动的同时,拉(压)动手动液压泵(每班润滑工作台3次,每次拉8回),以使润滑油流至纵向工作台运动部位
两天注油一次	① 手动液压泵油池在横向工作台左上方。注油时,旋开油池盖,注入润滑油至与油标线齐
	② 挂架上油池在挂架轴承处,注油方法同手动液压泵油池
6 个月换油一次	① 主轴变速箱油池,为了保证油质,6 个月换一次,一般由机修人员负责
	② 进给变速箱油池,换油情况同主轴变速箱油池
油量观察点	① 带油标的油池要经常注意油池内的油量,当油量低于标线时应及时补足
	② 起动机床后,要察看油窗是否有油流动,如果没有应及时处理

练习二　铣床的日常维护保养操作

铣床的日常维护保养操作见表 3-10。

表 3-10　铣床的日常维护保养操作

	操作内容
每天下班前	用鬃刷和棉纱将机床各部分打扫干净，机床外露的滑动表面更要擦干净，并用油壶浇油进行润滑
每　周　末	用棉纱蘸清洗剂擦洗、清扫各外表面、防护罩及各操作手柄

练习三　铣床的一级保养操作

铣床运转 500h 后，配合机修工人进行一级保养，见表 3-11。

表 3-11　铣床的一级保养操作

保养部位	保养内容及要求
外　保　养	① 用棉纱将铣床各外表面，死角及防护罩内、外擦净，使其无锈蚀、无油垢
	② 清洗机床附件，并涂油防蚀
	③ 检查设备外部有无缺件
传　　动	① 修光导轨毛刺，调整镶条
	② 调整丝杠螺母间隙，丝杠不得轴向窜动，调整离合器摩擦片间隙
	③ 将纵向工作台、横向工作台、丝杠等拆卸下来清洗一次
	④ 清洗各方向的挡铁，并适当调整其松紧
	⑤ 适当调整 V 带
冷　　却	① 清洗过滤网、切削液槽，应使其无沉淀物、无切屑
	② 根据情况调换切削液
润　　滑	① 使油路畅通无阻，使油毛毡清洁、无切屑，使油窗明亮
	② 检查液压泵，使其内外清洁无油污
	③ 检查油质，应保持良好
附　　件	清洗附件，做到清洁、整齐、无锈迹
电　　器	① 清扫电器箱、电动机一次
	② 检查电器装置是否牢固可靠、整齐，限位装置是否安全可靠

[注意]

① 开机前必须注油润滑，一般用 N32 全损耗系统用油。

② 维护保养后，使各工作台在进给方向上处于中间位置，使各手柄恢复原位。

课题三 铣刀的安装

学习目标

① 掌握带孔铣刀的安装方法。

② 掌握带柄铣刀的安装方法。

知识学习

铣刀的种类很多,用途也各不相同。按安装方法,铣刀可分为带孔铣刀和带柄铣刀两类。

1. 带孔铣刀的安装

1)带孔铣刀中的圆柱形或三面刃等盘形铣刀常用长刀杆安装,如图 3-3 所示。

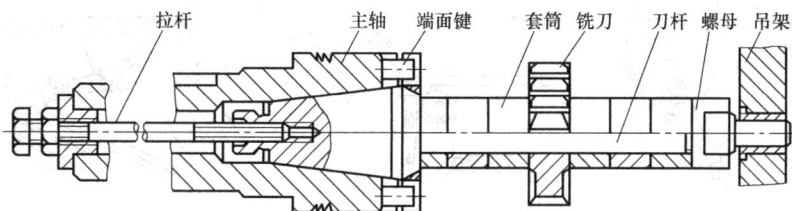

图 3-3 盘形铣刀的安装

2)带孔铣刀中的端铣刀常用短刀杆安装,如图 3-4 所示。

2. 带柄铣刀的安装

1)锥柄铣刀的安装如图 3-5a 所示。安装时,先要根据铣刀锥柄的大小选择合适的变锥套,将各种配合表面擦净,然后用拉杆把铣刀及变锥套一起拉紧在主轴上。

2)直柄铣刀的安装如图 3-5b 所示。安装时,要用弹簧夹头安装,即铣刀的直柄要插入弹簧套内,然后旋紧螺母以压紧弹簧套的端面,使弹簧套的外锥面受压以缩小孔径,夹紧直柄铣刀。

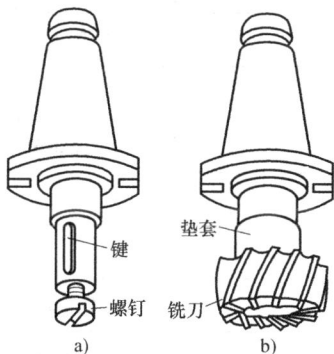

图 3-4 端铣刀的安装

a)短刀杆 b)安装在短刀杆上的端铣刀

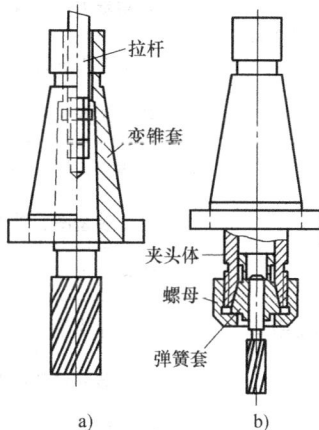

图 3-5 带柄铣刀的安装

a)锥柄铣刀的安装 b)直柄铣刀的安装

练习一 圆柱铣刀的安装步骤

1）圆柱铣刀的安装示意图如图 3-6 所示。

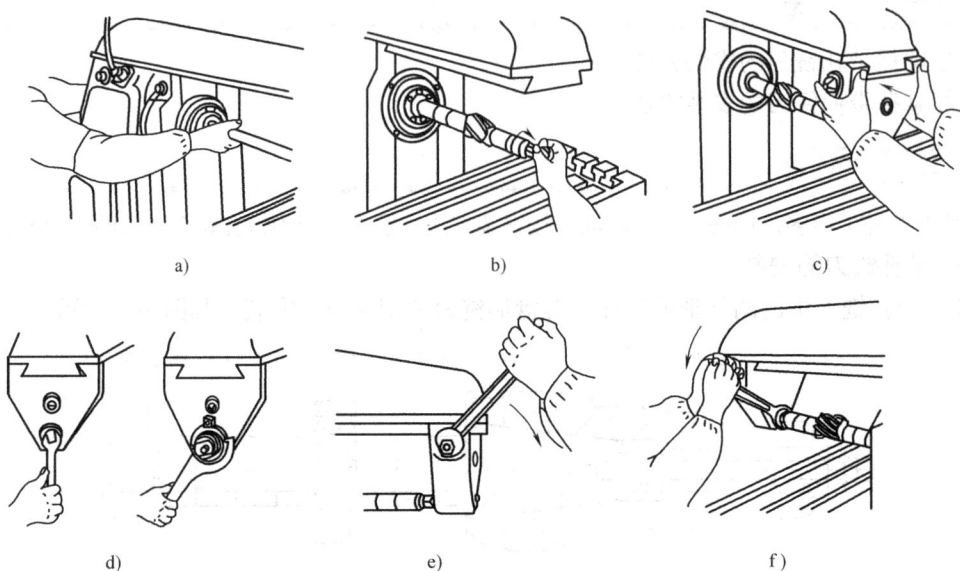

图 3-6 圆柱铣刀的安装示意图

a）装入刀杆并扳紧 b）安装铣刀 c）安装挂架 d）调整挂架轴承间隙 e）紧固挂架 f）紧固铣刀

2）圆柱铣刀的安装步骤见表 3-12。

表 3-12 圆柱铣刀的安装步骤

步 骤	操 作 内 容	备 注
1. 安装刀杆	① 将主轴转速调至 30r/min 或锁紧主轴	
	② 根据刀杆长度调整横梁伸出长度，紧固横梁	
	③ 擦净刀杆锥柄和主轴锥孔	
	④ 安装并紧固刀杆	图 3-6a
2. 安装铣刀	① 擦净刀杆、垫圈和铣刀	
	② 安装垫圈、铣刀，紧固刀杆上的螺母	图 3-6b
	③ 擦净刀杆配合轴颈、挂架轴承孔，注入润滑油	
	④ 擦净横梁和挂架导轨面	
	⑤ 安装并调整挂架轴承间隙	图 3-6c、d
	⑥ 紧固挂架	图 3-6e
	⑦ 紧固铣刀	图 3-6f

练习二　锥柄立铣刀的安装步骤

锥柄立铣刀的安装步骤见表3-13。

表3-13　锥柄立铣刀的安装步骤

步　骤	操 作 内 容	锥柄立铣刀安装示意图
1	将主轴转速调至最低或锁紧主轴	
2	选择中间锥套	
3	擦净铣刀锥柄、中间锥套和立铣头主轴锥孔	
4	将铣刀锥柄装入中间锥套锥孔	
5	将铣刀和中间锥套一同装入立铣头主轴锥孔,并用拉杆拉紧	

[注意]

① 安装圆柱铣刀和其他带孔铣刀时,应先紧固挂架后再紧固铣刀。

② 安装铣刀时应擦净各接合表面,以免脏物影响铣刀的安装精度。

③ 拉紧螺杆的螺纹应与刀杆或铣刀的螺孔有足够的配合长度。

④ 挂架轴承孔与刀杆配合轴颈应有足够的配合长度。

⑤ 铣刀安装后应检查安装得是否正确。

课题四　铣　平　面

学习目标

① 掌握用平口钳和压板装夹工件的方法。

② 了解平面铣削的方法,掌握平面铣削的操作要领,正确选择切削用量。

③ 掌握用圆柱铣刀、套式端铣刀铣平面的方法。

④ 掌握长方体零件的加工顺序和基准面的选择方法。

⑤ 掌握铣垂直面和平行面的方法。

知识学习

1. 工件的装夹

在铣床上装夹工件时,最常用的两种方法是用平口钳和用压板装夹工件。另外还有用V形块、三爪自定心卡盘和分度头等装夹工件。

（1）用平口钳装夹工件

1）平口钳的结构。平口钳是最常见的通用夹具，主要用来装夹中小型零件。平口钳用 T 形螺栓固定在铣床工作台上。其结构如图 3-7 所示。

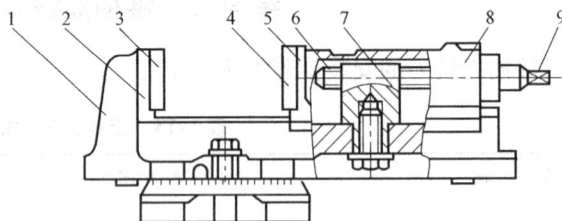

图 3-7　平口钳结构

1—虎钳体　2、5—钳口　3、4—钳口铁　6—丝杠

7—螺母　8—活动座　9—方头

2）平口钳的安装与校正。

① 安装前，将平口钳的底面与工作台面擦干净。若有毛刺、凸起，应用磨石修磨平整。

② 检查平口钳底部的定位键是否紧固，定位键定位面是否同一方向安装。

③ 平口钳安装在工作台中间的 T 形槽内，钳口位置居中。用手拉动平口钳底盘，使定位键向 T 形槽一侧贴合。

④ 校正。可用百分表、划针及直角尺校正平口钳，如图 3-8 所示，校正后用 T 形螺栓将平口钳压紧在工作台面上。

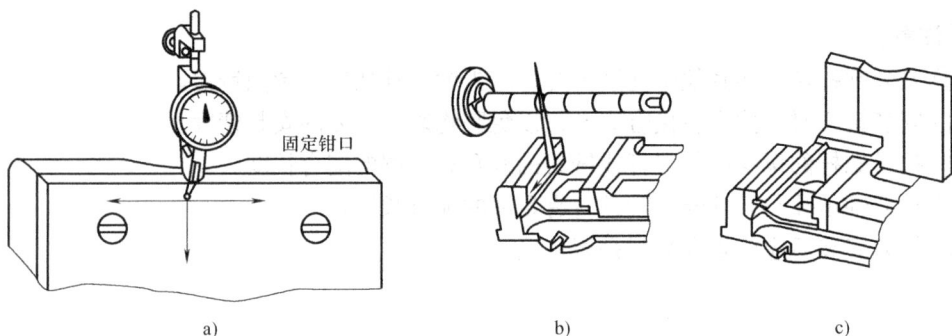

图 3-8　校正平口钳

a）用百分表校正平口钳　b）用划针校正平口钳　c）用直角尺校正平口钳

3）装夹工件方法。

① 钳口垫铜皮装夹毛坯件，检测工件平面，如图 3-9 所示。

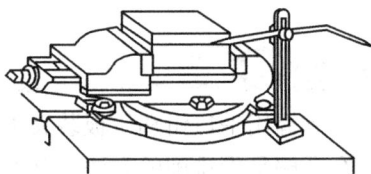

② 用圆棒夹持工件，如图 3-10 所示。

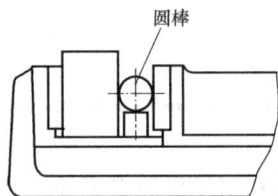

③ 用平行垫铁装夹工件，如图 3-11 所示。

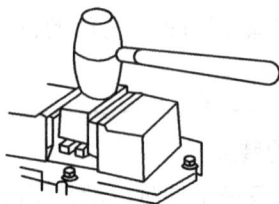

图 3-9　钳口垫铜皮装夹毛坯件

图 3-10　用圆棒夹持工件

图 3-11　用平行垫铁装夹工件

4）平口钳装夹工件注意事项。

① 在铣床上安装平口钳时，应擦净钳座底面、铣床工作台台面。装夹工件时，应擦净钳口平面、钳体导轨面及工件表面。

② 应将工件的基准面紧贴固定钳口或钳体的导轨面上，并使固定钳口承受铣削力。

③ 工件的装夹高度以铣削尺寸高出钳口 3～5mm 为宜。

④ 为保护钳口，避免夹伤已加工工件表面，应在工件与钳口间垫一块铜皮。

（2）使用压板装夹工件

1）压板螺钉机构。压板螺钉机构如图 3-12 所示。利用压板螺钉机构和机床工作台的 T 形槽，可以把工件、夹具或其他机床附件固定在工作台上。

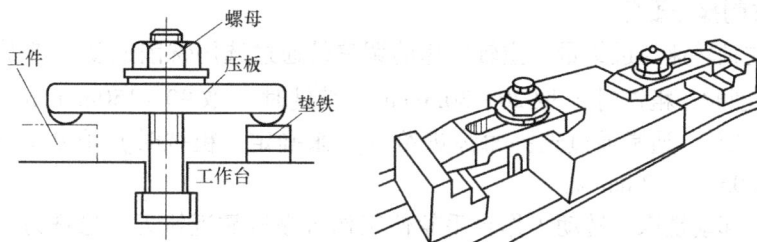

图 3-12 压板螺钉机构

2）找正工件。使用压板装夹工件时，为确定加工面与铣刀的相对位置，一般均需找正工件，即用百分表使工件直边平行于机床导轨，如图 3-13 所示。然后用螺钉、压板把工件压紧在工作台上。

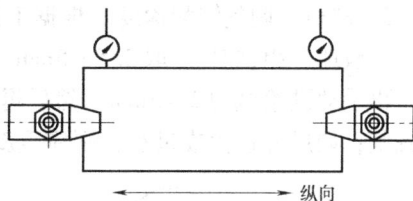

2. 平面的铣削方法

（1）周铣法　利用铣刀圆周上的切削刃进行铣削的方法称为周铣法，简称周铣，如用立铣刀、圆柱铣刀铣削各种不同的表面时所用的铣削方法。根据铣刀旋转方向与工件进给方向的关系，可将周铣法分为顺铣和逆铣两大类。

图 3-13 用压板装夹找正工件

周铣特别是粗铣时一般都采用逆铣。精铣时，为提高工件表面质量，可采用顺铣。如果工作台丝杠与螺母间有间隙补偿或调整机构，顺铣更具有优势。

（2）端铣法　用分布在铣刀端面上的切削刃进行铣削的方法称为端铣法，简称端铣。根据铣刀在工件上的铣削位置，端铣可分为对称端铣与不对称端铣两种方式，如图 3-14 所示。

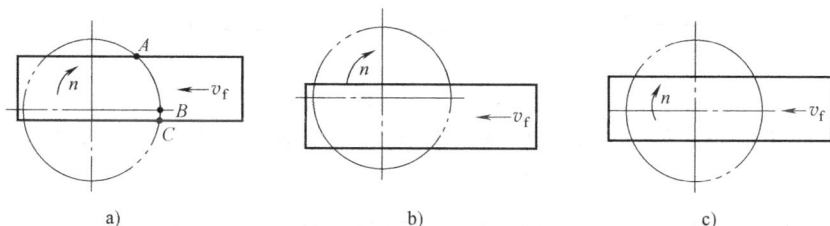

图 3-14 端铣的对称铣和不对称铣

a）不对称逆铣　b）不对称顺铣　c）对称铣

1）不对称端铣。在切削部位，铣刀中心偏向工件铣削宽度一边的端铣方式，称为不对称端铣。

不对称端铣时，按偏向工件的位置，铣刀可分为进刀部分与出刀部分。图3-14a中 *AB* 为进刀部分，*BC* 为出刀部分。

按顺铣与逆铣的定义，显然，进刀部分为逆铣，出刀部分为顺铣。进刀部分大于出刀部分的不对称端铣，称为逆铣；反之则为顺铣。

不对称端铣时，通常应采用如图3-14a所示的逆铣方式。

2）对称端铣。在切削部位，铣刀中心处于工件铣削宽度中心的端铣方式称为对称端铣。对称端铣只适用于加工短而宽或厚的工件，不宜铣削狭长较薄的工件。

3. 平面铣削操作要领

1）调整主轴转速与进给量。主轴转速的调整是通过选用铣削速度 v_c 来确定的。采用高速钢铣刀铣削时，粗铣时 v_c 取 $20 \sim 30 \text{m/min}$，精铣时 v_c 取 $90 \sim 150 \text{m/min}$。

进给量的调整，通常通过选择每齿进给量 f_z 来确定。粗铣时 f_z 取 $0.10 \sim 0.25 \text{mm/z}$，精铣时 f_z 取 $0.05 \sim 0.12 \text{mm/z}$。

2）对刀。起动铣床，转动工作台手轮使工作台慢慢靠近铣刀。当铣刀与工件表面轻轻接触后记下工作台刻度，作为进刀起始点。再退出铣刀，以便进刀。注意，通常不允许直接在工件表面进刀。

3）试切、调整铣削深度。根据工件加工余量，选择合适的铣削深度 a_p。

一般地，粗铣时 a_p 取 $2.5 \sim 5 \text{mm}$，精铣时 a_p 取 $0.3 \sim 1.0 \text{mm}$。试切时，先调整铣削深度，再手动进给试切 $2 \sim 3 \text{mm}$，然后退出工件，停车测量尺寸。如尺寸符合要求，即可进行铣削；如尺寸过大或过小，则应重新调整铣削深度，再进行铣削，如图3-15所示。

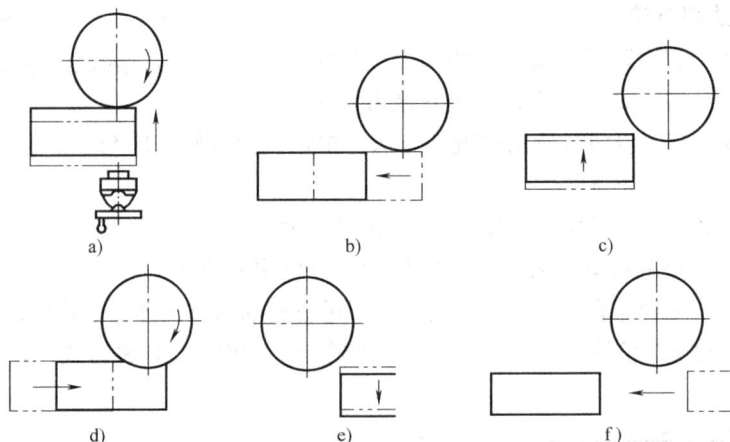

图 3-15　铣平面的步骤

a）开动机床，升高工作台使工件与铣刀相接触　b）水平退出工作台　c）升高工作台

d）铣削　e）往下退刀　f）水平退刀

4）铣削时，注意加注合适的切削液。为保证铣削质量，进给时应待铣刀全部脱离工件表面后才可停止进给。退刀时，应先使铣刀退出铣削表面，再退回工作台至起始位置，以免加工表面被铣刀拉毛。

5）平面的检测。平面尺寸可用游标卡尺或千分尺测量。平面度可用刀口形直尺检验，或用百分表检测；平面的垂直度可用直角尺检验；平行度可用千分尺或百分表检测。

技能训练

练习一　用圆柱形铣刀铣平面

1. 零件图（见图 3-16）

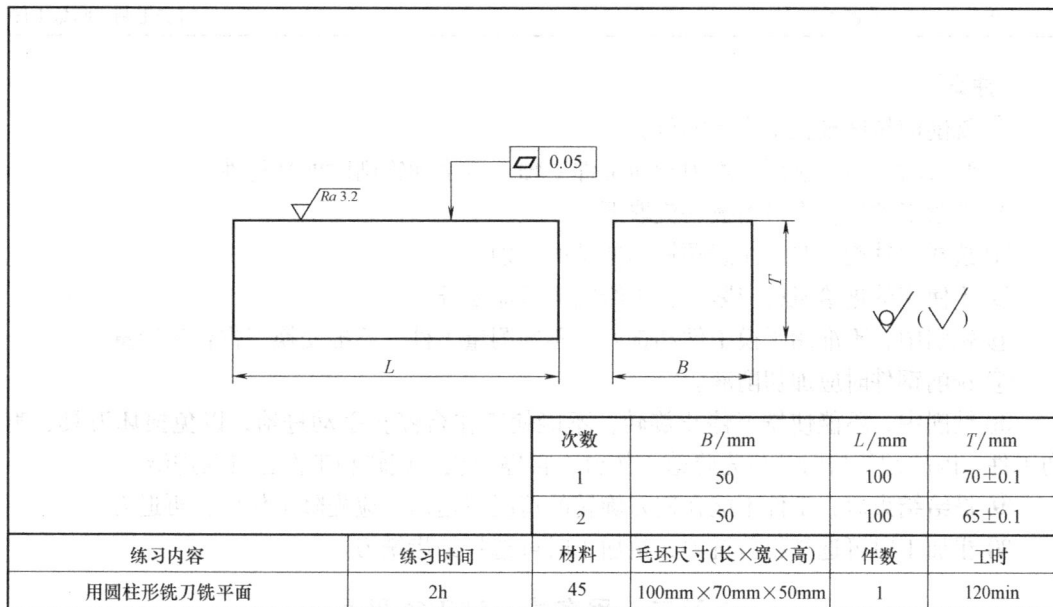

次数	B/mm	L/mm	T/mm
1	50	100	70±0.1
2	50	100	65±0.1

练习内容	练习时间	材料	毛坯尺寸(长×宽×高)	件数	工时
用圆柱形铣刀铣平面	2h	45	100mm×70mm×50mm	1	120min

图 3-16　用圆柱形铣刀铣平面零件图

2. 操作步骤

图 3-16 所示零件的铣削步骤见表 3-14。

表 3-14　用圆柱形铣刀铣平面

步　骤	操 作 内 容	备　注
1	看图并检查毛坯尺寸，计算加工余量	
2	选用螺旋圆柱铣刀，选择合适的刀杆，将铣刀装在刀杆中间，并靠近机床床身	
3	选用平口钳装夹工件，校正固定钳口，使之与横向进给方向平行，然后紧固	调整正确
4	将工件放在钳口内，垫上平行垫铁，夹紧并检查工件与垫铁是否贴紧	正确装夹
5	选择合适的铣削用量，将主轴变速器和进给变速器上各手柄扳至所需位置	$v_f = 47.5 \text{mm/min}$，$n = 75 \text{r/min}$
6	对刀调整：调整工作台，使工件位于铣刀下方，紧固横向工作台；起动机床，摇动垂向手动进给手柄，使工件上升至稍微触碰铣刀，在垂向刻度盘上做好记号；操纵手柄，使工件先垂向后纵向退出	准确对刀

（续）

步　骤	操 作 内 容	备　注
7	粗铣平面：摇动垂向手动进给手柄，调整铣削深度，留0.5mm左右的精铣余量（如余量过大，可分几次铣削完成）；摇动纵向手动进给手柄，使工件稍微触碰铣刀，打开切削液，纵向自动进给完成粗铣；停机，关切削液，使工件先垂向后纵向退出	正确操作
8	精铣平面：测量工件，确定精铣余量；调整转速和进给量，用前述方法精铣平面；停机，关闭切削液，拆卸工件	
9	质量检测	去毛刺，测量工件

[注意]

① 铣削前精确校正工作台零位。

② 装刀时必须使铣削进给力指向工件主轴，以增加铣削时的平稳性。

③ 夹紧工件后，平口钳扳手应取下。

④ 选择主轴旋向时，注意顺铣和逆铣的区别。

⑤ 不使用的进给机构应紧固，进给完毕后应松开。

⑥ 铣削中，不准用手摸工件和铣刀，不准测量工件，不准变换工作台进给量。

⑦ 铣削钢件时应加切削液。

⑧ 铣削中，不能使铣刀停止旋转，不能使工作台停止手动进给，以免损坏刀具、啃伤工件。因故须停机时，应先降落工作台，再停止铣刀旋转和工作台自动进给。

⑨ 进给结束后，工件不能在铣刀旋转的情况下退回，应先降工作台，再退刀。

⑩ 粗加工时可选择粗齿铣刀，精加工时可选择细齿铣刀。

练习二　用套式端铣刀铣平面

1. 零件图（见图3-17）

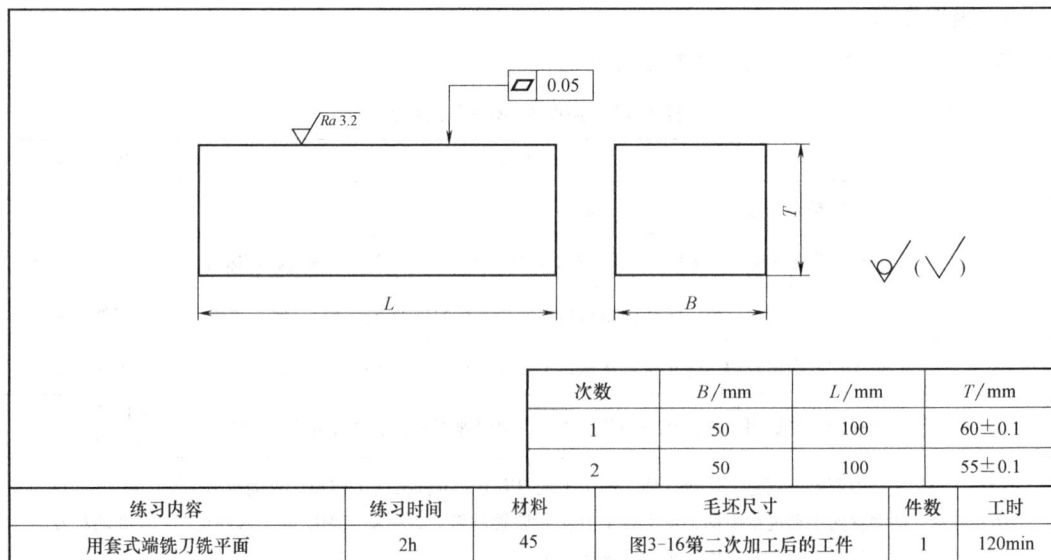

次数	B/mm	L/mm	T/mm
1	50	100	60 ± 0.1
2	50	100	55 ± 0.1

练习内容	练习时间	材料	毛坯尺寸	件数	工时
用套式端铣刀铣平面	2h	45	图3-16第二次加工后的工件	1	120min

图3-17　用套式端铣刀铣平面零件图

2. 操作步骤

图 3-17 所示零件的铣削步骤见表 3-15。

表 3-15　用套式端铣刀铣平面

步　骤	操作内容	备　注
1	看图并检查毛坯尺寸，计算加工余量	
2	选用套式端铣刀，安装并校正立铣头，选择合适的刀杆安装铣刀	
3	选用平口钳装夹工件，校正固定钳口，使之与横向进给方向平行，然后紧固	调整正确
4	将工件放在钳口内，垫上平行垫铁，夹紧并检查工件与垫铁是否贴紧	正确装夹
5	选择合适的铣削用量，将主轴变速器和进给变速器上各手柄扳至所需位置	$v_f = 150\text{mm/min}$，$n = 75\text{r/min}$
6	对刀调整：调整工作台，使工件位于铣刀下方，紧固横向工作台；起动机床，摇动垂向手动进给手柄，使工件上升至与铣刀稍微接触，在垂向刻度盘上做好记号；操纵手柄，使工件先垂向后纵向退出	准确对刀
7	粗铣平面：摇动垂向手动进给手柄，调整铣削深度，留 0.5 mm 左右的精铣余量；摇动纵向手动进给手柄，使工件靠近铣刀直至接触，打开切削液，纵向自动进给完成粗铣；停机，关闭切削液，使工件先垂向后纵向退出	正确操作
8	精铣平面：测量工件，确定精铣余量；调整主轴转速和进给量，用前述方法精铣平面；停机，关闭切削液，拆卸工件	$v_f = 95\text{mm/min}$，$n = 95\text{r/min}$
9	质量检测	去毛刺，测量工件

[注意]

① 铣削时，尽量采用不对称逆铣，以免工件窜动。

② 铣削时，必须校正立铣头主轴轴线与工作台面的垂直度。

③ 铣削时，应注意消除丝杠和螺母之间的间隙对移动尺寸的影响。

④ 调整铣削深度时，如铣削余量过大，可分几次完成进给。

⑤ 及时用锉刀修整工件上的毛刺和锐边。

练习三　铣矩形工件

1. 零件图

在 X6132 型卧式铣床上铣削图 3-18 所示矩形工件，练习铣削垂直面和平行面。

2. 操作步骤

铣矩形工件的步骤见表 3-16。

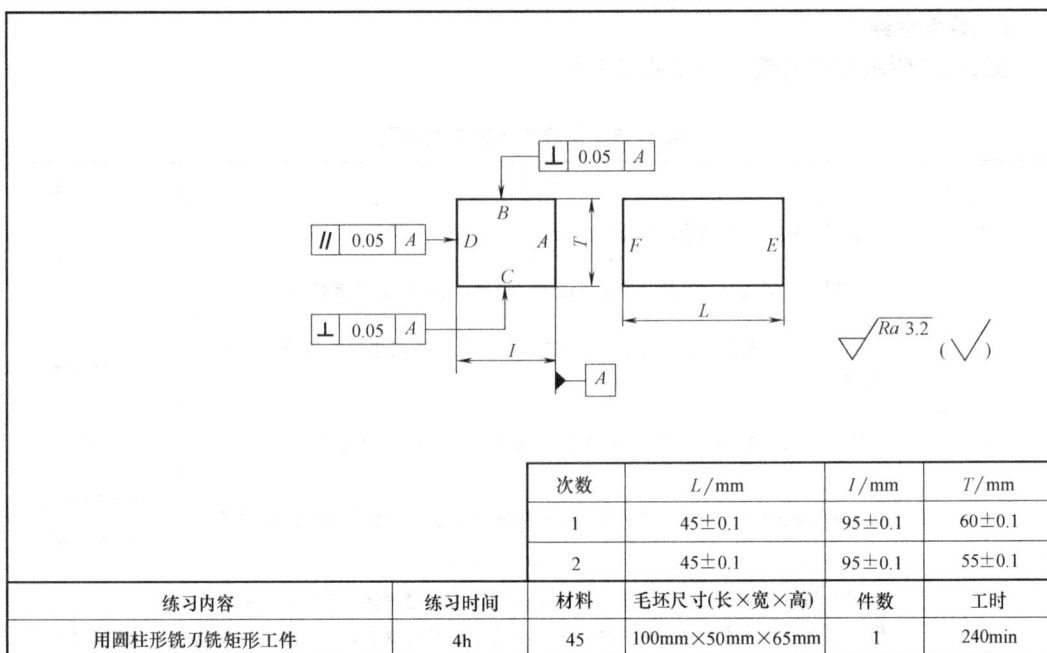

图 3-18　矩形工件

次数	L/mm	I/mm	T/mm
1	45 ± 0.1	95 ± 0.1	60 ± 0.1
2	45 ± 0.1	95 ± 0.1	55 ± 0.1

练习内容	练习时间	材料	毛坯尺寸(长×宽×高)	件数	工时
用圆柱形铣刀铣矩形工件	4h	45	100mm×50mm×65mm	1	240min

表 3-16　铣矩形工件的步骤

步　骤	操　作　内　容	备　注
1	看图并检查毛坯尺寸, 计算加工余量	
2	选用螺旋圆柱铣刀。选择合适的刀杆, 将铣刀装在刀杆中间, 并靠近机床床身	
3	选用平口钳装夹工件, 校正固定钳口, 使之与横向进给方向平行、与工作台面垂直, 然后紧固	装夹正确
4	选择合适的铣削用量, 将主轴变速器和进给变速器上各手柄扳至所需位置	$v_f = 75\text{mm/min}$, $n = 75\text{r/min}$
5	粗铣 A 面 1) 以 B 面为粗基准, 将其靠向固定钳口, 下方垫上平行垫铁, 在活动钳口处放置一圆棒, 夹紧 2) 按前述铣平面方法对刀调整, 留 0.5mm 左右精铣余量, 纵向自动进给完成粗铣	
6	粗铣 C 面 1) 取下工件, 去毛刺。以 A 面为基准, 按铣 A 面的方法装夹工件 2) 按前述方法粗铣 C 面。取下工件, 去毛刺。检查 C 面与 A 面的垂直度。如不符合要求, 重新校正并固定钳口, 再进行铣削至要求	
7	粗铣 B 面 1) 取下工件, 去毛刺。以 A 面为基准, 并使 C 面紧靠平行垫铁, 按铣 A 面的方法装夹工件 2) 按前述方法粗铣 B 面。取下工件, 去毛刺, 检查 B 面与 A 面的垂直度	

（续）

步 骤	操作内容	备 注
8	粗铣 D 面 1）取下工件，去毛刺。以 B 面为基准，并使 A 面紧靠平行垫铁，按铣 A 面的方法装夹工件 2）按前述方法粗铣 D 面	
9	粗铣 E 面 1）取下工件，去毛刺。以 A 面为基准，使其与固定钳口贴紧，预紧工件。找正 B 面，使之与导轨面垂直，夹紧工件 2）按前述方法粗铣 E 面。取下工件，去毛刺，检查 A 面和 B 面对 E 面的垂直度。如误差较大，需重新找正，再铣削至要求	
10	粗铣 F 面 1）取下工件，去毛刺。以 A 面为基准，并使 E 面紧靠平行垫铁，按铣 A 面的方法装夹工件 2）按前述方法粗铣 F 面	
11	精铣：测量工件，确定精铣余量。调整转速和进给量，按粗铣矩形工件的顺序和方法精铣各个平面至图样要求。停机，关闭切削液，拆卸工件	$v_f = 47.5\,\text{mm/min}$， $n = 95\,\text{r/min}$
12	检查垂直度、平行度和尺寸精度，若不符合要求，应重新铣削至图样要求	去毛刺，测量工件

[注意]

① 及时用锉刀修整工件上的毛刺和锐边，但不要锉伤已加工表面。

② 加工时可采用"先粗铣一刀，再精铣一刀"的方法，来提高表面加工质量。

③ 用锤子轻击工件时，不要砸伤已加工表面。

④ 铣钢件时应使用切削液。

课题五 铣削斜面

学习目标

① 掌握用圆柱形铣刀铣斜面的方法。

② 掌握用圆柱形铣刀铣六角的方法。

③ 掌握斜面的测量方法。

④ 学会分析铣削中出现的质量问题。

知识学习

工件上的斜面常用以下几种方法进行铣削。

1. 使用斜垫铁装夹工件铣斜面

如图 3-19 所示，在工件的基准面下面垫一块斜垫铁，则铣出的工件平面就会与基准

面成一定角度。改变斜垫铁的角度，即可加工出不同倾斜度的工件斜面。

2. 用平口钳装夹铣斜面

用平口钳装夹工件铣斜面如图 3-20 所示。先划线，在毛坯上划出斜面的轮廓线，并在线上打上样冲眼，然后将工件轻夹在平口钳上。按划线找正工件位置，即使所划的线与工作台平行，最后夹紧工件。铣削去划线部分的工件材料，即完成斜面加工。

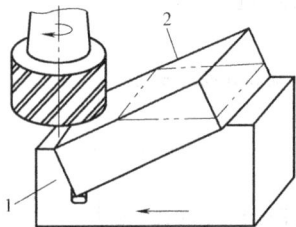

图 3-19　使用斜垫铁装夹工件铣斜面
1—斜垫铁　2—工件

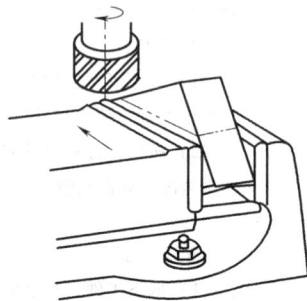

图 3-20　用平口钳装夹工件铣斜面

3. 用万能立铣头铣斜面

转动万能立铣头铣斜面如图 3-21a 所示。立铣头能方便地改变自身的空间位置，以把铣刀调成要求的角度铣斜面，如图 3-21b 所示。在立铣头主轴可转动的立式铣床上安装立铣刀或端铣刀，用平口钳或压板装夹工件，可加工出要求的斜面。

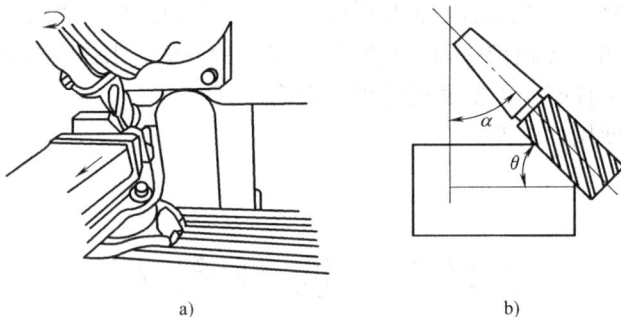

a)　　　　　　　　　　　　b)

图 3-21　用万能立铣头铣斜面
a）转动万能立铣头铣斜面　b）立铣刀与工件的位置关系

4. 用角度铣刀铣斜面

对于宽度较窄的斜面，可用角度铣刀铣削，如图 3-22a 所示。铣斜面前，应根据工件斜面的角度要求选择铣刀的角度，同时，所铣斜面的宽度应小于角度铣刀的切削刃长度。铣削对称的双斜面时，应选择两把直径和角度相同、切削刃朝向相反的角度铣刀。安装铣刀时最好使两把铣刀的刃齿错开，以减小铣削时的铣削力和振动，如图 3-22b 所示。由于角度铣刀的刀齿强度较弱、排屑较困难，所以

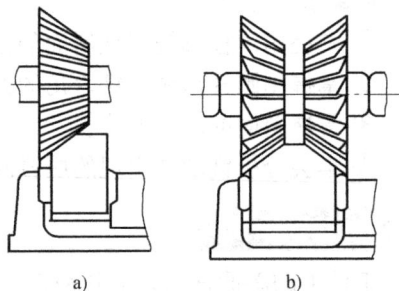

a)　　　　　　　b)

图 3-22　用角度铣刀铣斜面
a）铣单斜面　b）铣双斜面

使用角度铣刀时，选择的切削用量应比使用圆柱铣刀时低 20% 左右，尤其是每齿进给量 f_z 更要适当减小。

技能训练

练习一 铣削斜面

1. 零件图

用圆柱形铣刀铣削图 3-23 所示零件上的斜面。

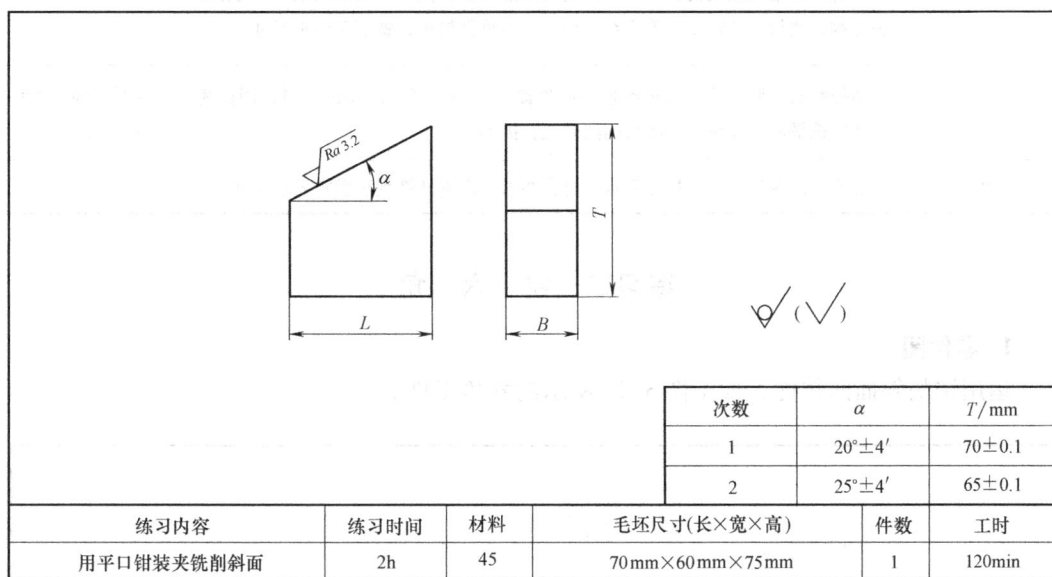

次数	α	T/mm
1	$20°\pm4'$	70 ± 0.1
2	$25°\pm4'$	65 ± 0.1

练习内容	练习时间	材料	毛坯尺寸(长×宽×高)	件数	工时
用平口钳装夹铣削斜面	2h	45	70mm×60mm×75mm	1	120min

图 3-23 铣削斜面零件图

2. 操作步骤

图 3-23 所示零件的铣削步骤见表 3-17。

表 3-17 用平口钳装夹铣斜面的步骤

步 骤	操 作 内 容	备 注
1	看图检查毛坯尺寸并划出斜面的轮廓线	
2	选用螺旋圆柱铣刀，选择合适的刀杆。将铣刀安装在刀杆上，尽量靠近铣床床身	
3	选用平口钳装夹工件。校正固定钳口，使之与横向进给方向平行，然后紧固	调整正确
4	将工件放在钳口内预紧。用划针校正斜面轮廓线，使其与工作台面平行，夹紧工件	正确装夹
5	选择合适的铣削用量，将主轴变速器和进给变速器上各手柄扳至所需位置	$v_f=75\mathrm{mm/min}$，$n=75\mathrm{r/min}$

（续）

步　骤	操作内容	备　注
6	对刀调整：调整工作台，使工件位于铣刀下方，紧固横向工作台；起动机床，摇动垂向手动进给手柄至铣刀与工件最高点接触，在垂向刻度盘上做好记号，使工件先垂向后纵向退出	准确对刀
7	粗铣斜面：摇动垂向手动进给手柄，调整铣削深度，留 1mm 左右的精铣余量；摇动纵向手动进给手柄，使工件靠近铣刀直至接触。打开切削液开关，纵向自动进给完成粗铣；停机，关闭切削液开关，使工件先垂向后纵向退出；去毛刺，测量工件角度，若不符合要求，需重新校正，铣削至要求尺寸	正确操作
8	精铣斜面：调整转速和进给量，适当提高铣削速度，减小进给量；用前述方法精铣平面；停机，关闭切削液开关，拆卸工件	$v_f = 47.5 \text{mm/min}$ $n = 95 \text{r/min}$
9	去毛刺，测量工件。检测后若不符合要求，应重新铣削至图样要求尺寸	

练习二　铣　六　角

1. 零件图

运用铣削斜面的技能，加工图 3-24 所示的六角工件。

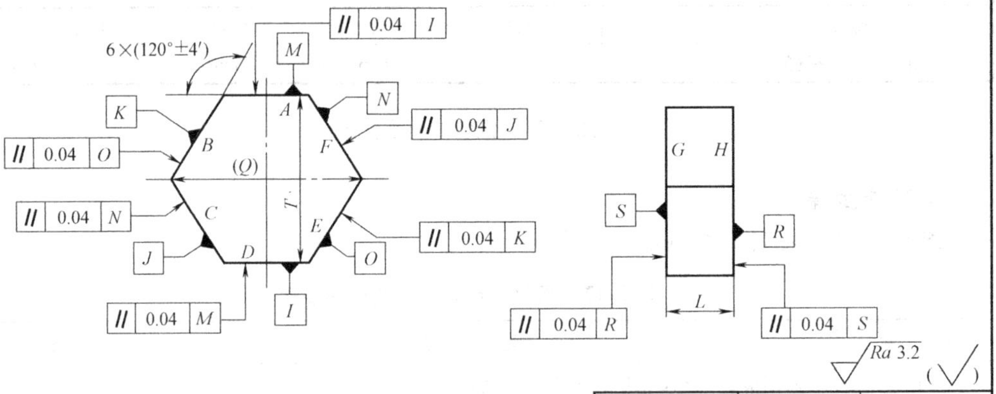

α	L/mm	T/mm
$120°\pm4'$	40 ± 0.05	60.6 ± 0.05

练习内容	练习时间	材料	毛坯尺寸(长×宽×高)	件数	工时
用平口钳装夹铣六角	4h	45	75mm×45mm×75mm	1	240min

图 3-24　铣六角工件

2. 操作步骤

图 3-24 所示六角工件的铣削步骤见表 3-18。

表3-18 用平口钳装夹铣六角的步骤

步 骤	操 作 内 容	备 注
1	看图并检查毛坯尺寸，计算加工余量	
2	选用螺旋圆柱铣刀，选择合适的刀杆，将铣刀安装在刀杆上，尽量靠近铣床主轴	
3	选用平口钳装夹工件。校正固定钳口，使其与横向进给方向平行，然后紧固	正确装夹
4	选择合适的铣削余量，将主轴变速器和进给变速器上各手柄扳至所需位置	$v_f = 75\text{mm/min}$, $n = 75\text{r/min}$
5	铣削加工 1）用铣平面的方法铣出 G 和 H 两面，保证尺寸 L 及平行度 2）用铣平面的方法铣出 A 和 D 两面，保证尺寸 T 及平行度 3）划出 B 和 E 面的加工线 4）将工件放在钳口内，找正 B 面铣削，保证 A 面与 B 面之间的夹角：以 B 面为水平基准，铣削 E 面，保证 D 面与 E 面的夹角、尺寸 T 及平行度 5）划出 F 和 C 面的加工线 6）将工件放在钳口内，找正 F 面铣削，保证 A 与 F 面之间的夹角；以 F 面为水平基准，铣削 C 面，保证 D 与 C 面的夹角、尺寸 T 及平行度	
6	去毛刺，测量工件。检测后若不符合要求，应重新铣削至图样要求尺寸	

[注意]

① 铣削时注意铣刀的旋转方向是否正确。

② 调整铣削深度时，如铣削余量过大，可分几次完成进给。

③ 不使用的进给机构应紧固，工作完毕后应松开。

课题六 铣 台 阶 面

学习目标

① 了解铣削台阶面的常用方法。

② 掌握用三面刃铣刀铣台阶的方法。

③ 能正确选择铣刀。

知识学习

台阶由平行面和垂直面组合而成。台阶零件的形式如图 3-25 所示。

零件上的台阶，通常可在卧式铣床上采用三面刃铣刀或在立式铣床上采用立铣刀进行加工，常用的加工方法有以下三种。

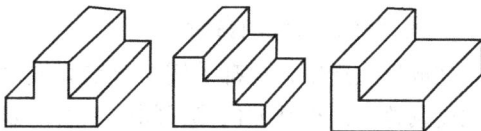

图 3-25 台阶零件的形式

1. 用一把三面刃铣刀加工

（1）铣刀的选择　选择铣刀时主要选择三面刃铣刀的宽度和直径。选用的三面刃的宽度应尽量大于所铣台阶面的宽度，以便在一次进给中铣出台阶的宽度。用一把三面刃铣刀加工台阶如图 3-26 所示。

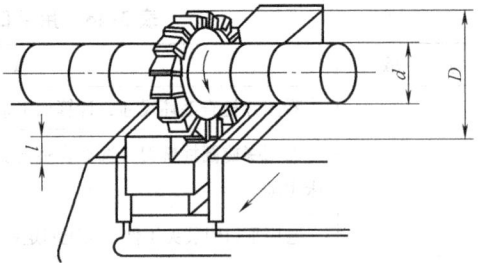

图 3-26　用一把三面刃铣刀加工台阶

（2）铣削方法　工件装夹校正后，手摇各个进给手柄，使旋转中的铣刀端刃划着工件的一侧，如图 3-27a 所示。然后降落工作台，如图 3-27b 所示，使铣刀横向进给一个台阶宽度的距离，紧固横向工作台。再上升工作台，使铣刀圆周刃轻轻划着工件，如图 3-27c 所示。手摇纵向手动进给手柄，退出工件，使工作台上升一个台阶的深度，使工件靠近铣刀，扳动自动进给手柄铣出台阶，如图 3-27d 所示。

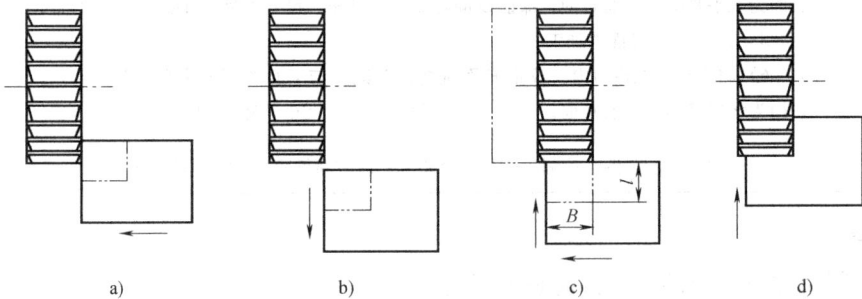

a)　　　　　　　b)　　　　　　　c)　　　　　　　d)

图 3-27　铣台阶的方法

2. 用立铣刀和端铣刀铣削台阶

尺寸大、深度较深的台阶适合用立铣刀加工，如图 3-28 所示。

宽度较宽、深度较浅的台阶适合用端铣刀加工，如图 3-29 所示。

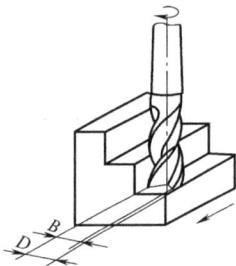

图 3-28　用立铣刀铣台阶

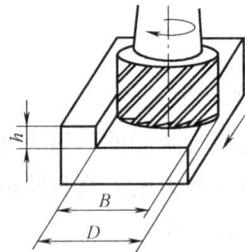

图 3-29　用端铣刀铣台阶

3. 用组合铣刀铣削台阶

在成批生产中，大都采用组合铣刀同时铣削几个台阶面，如图 3-30 所示。根据凸台的宽度调整三面刃铣刀内侧刃间的距离，如图 3-31 所示。

图 3-30　用组合铣刀铣削台阶

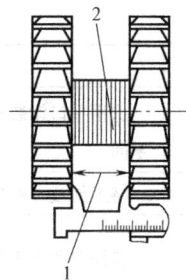

图 3-31　用卡尺测量铣刀内侧刃间的距离
1—凸台的宽度　2—垫圈

技能训练

练习　铣台阶面

1. 零件图

用三面刃铣刀铣削图 3-32 所示的台阶面。

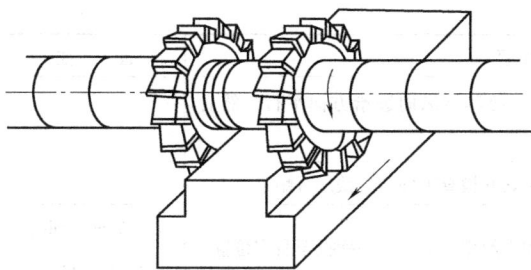

次数	T/mm	H/mm
1	18±0.05	25±0.05
2	15±0.05	25±0.05

练习内容	练习时间	材料	毛坯尺寸(长×宽×高)	件数	工时
三面刃铣削台阶	2h	45	40mm×36mm×40mm	1	120min

图 3-32　三面刃铣削台阶

2. 操作步骤

图 3-32 所示台阶零件的铣削步骤见表 3-19。

表 3-19　用三面刃铣刀铣削台阶的操作步骤

步　骤	操作内容	备　注
1	看图并检查毛坯尺寸，计算加工余量	
2	选用三面刃铣刀，选择合适的刀杆，将铣刀安装在刀杆的中间位置并夹紧	

（续）

步　骤	操作内容	备　注
3	选用平口钳装夹工件。校正固定钳口，使其与纵向进给方向平行，然后紧固	
4	将工件放在钳口内，垫上平行垫铁，夹紧并检查工件与垫铁是否贴紧	
5	选择合适的铣削用量，将主轴变速器和进给变速器上各手柄扳至所需位置	$v_f = 60\text{mm/min}$，$n = 60\text{r/min}$
6	对刀调整：起动机床，操纵手柄，使工件上表面与铣刀周刃稍微接触，在垂向刻度盘上做好记号，使工件先垂向后横向退出；操纵手柄，使铣刀端面齿与工件侧面稍微接触，在横向刻度盘上做好记号，然后使工件先横向后纵向退出	准确对刀
7	粗铣台阶：摇动垂向手动进给手柄，调整铣削深度，留 0.5mm 左右的精铣余量；摇动横向手动进给手柄，调整铣削宽度，留 0.5mm 左右的精铣余量，紧固横向工作台；起动机床，打开切削液开关，纵向自动进给完成粗铣；停机，关闭切削液开关，使工件先垂向后纵向退出	
8	精铣台阶面：测量工件尺寸，确定精铣余量；松开横向工作台，操纵手柄调整铣削深度和宽度（全部余量），紧固横向工作台；调整转速和进给量，用前述方法精铣台阶面；停机，关闭切削液开关，拆卸工件	$v_f = 47.5\text{mm/min}$，$n = 75\text{r/min}$
9	去毛刺，测量工件。检测后若不符合要求，应重新铣削至图样要求尺寸	

[注意]

① 平口钳的固定钳口应调整好。

② 选择的垫铁应平行，铣削时工件与垫铁之间应清理干净。

③ 铣削时应校正工作台零位，铣刀侧面应与工作台进给方向平行。

④ 铣削时，进给量和背吃刀量不能太大。铣削钢件时必须加切削液。

课题七　铣削开口式键槽

学习目标

① 掌握使用 V 形块装夹工件的方法。

② 熟悉铣削键槽时常用的对刀方法。

③ 掌握开口式键槽的铣削方法。

④ 正确选择铣刀，掌握键槽的测量方法。

知识学习

1. 使用 V 形块装夹工件

在轴上铣键槽时，工件的装夹方法很多，常用平口钳或专用抱钳、V 形块、分度头等

装夹工件。但无论使用哪一种装夹方法，都必须使工件的轴线与工作台的进给方向一致并与工作台台面平行。

（1）V形块定位与V形块的选用方法

1）V形块定位。用V形块定位实际上是以轴类的轴线定位：V形块使工件的轴线位于V形的角平分线上。

2）V形块的选用方法。V形块有90°和120°两种常见槽形。无论使用哪一种槽形，在装夹轴类工件时均应使轴的定位表面与V形块的V形面相切。选用V形块时，要根据轴的直径选择V形块槽口宽B的尺寸，如图3-33所示。

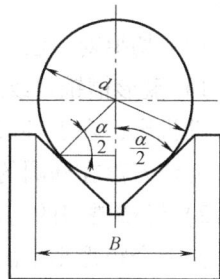

V形块的槽口宽B应满足：

当$\alpha > 90°$时，$B > 0.707d$；当$\alpha > 120°$时，$B > 0.5d$。

选用较大的V形角有利于提高轴在V形块上的定位精度。

（2）在机床工作台上找正V形块的位置 在机床工作台上正确安装V形块，要求V形槽的方向与机床工作台导轨进给方向平行。

图3-33 V形块的选用

1）找正一个V形块。

① 测量V形块的平行度。将百分表座及百分表固定在机床主轴或床身某一适当位置，使百分表测头与V形块的一个V形面接触。纵向或横向移动工作台即可测出V形块移动方向的平行度，如图3-34a所示。

② 调整V形块的位置。根据所测得的数值调整V形块的位置，直至满足要求为止。

2）找正两个短V形块的位置。采用两个短V形块装夹工件时，需要将标准的量棒放入V形槽内，用百分表校正量棒上素线使之与工作台面平行，校正其侧素线使之与工作台进给方向平行，如图3-34b所示。

一般情况下，100mm工件平行度允许值为0.02mm。

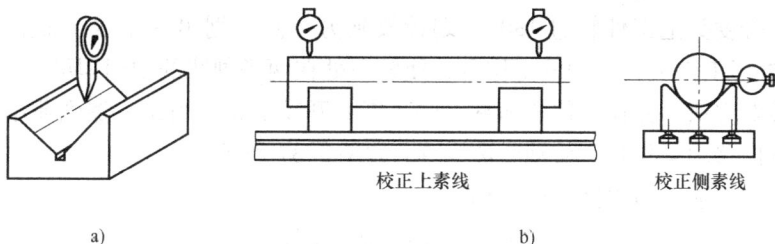

校正上素线　　　　　　校正侧素线

a)　　　　　　　　　　b)

图3-34 在工作台上找正V形块

（3）用V形块装夹轴类工件时的注意事项

1）注意保持V形块两V形面的洁净，使其无毛刺、无锈斑，使用前应清除污垢。

2）装卸工件时防止碰撞，以免影响V形块的精度。

3）使用时，在V形块与机床工作台及工件定位表面间，不得有丝毛及切屑等杂物。

4）根据工件的定位直径，合理选择V形块。

5）校正好V形块在铣床工作台上的位置（以平行度为准）。

6）尽量使轴的定位表面与V形面多接触。

7）V 形块应尽可能地靠近切削位置，以防止切削振动使 V 形块移位。

8）使用两个 V 形块装夹较长的轴件时，应注意调整好 V 形块与工作台进给方向的平行度，以及轴心线与工作台台面的平行度。

2. 铣削键槽时常用的对刀方法

铣削键槽时，铣刀与工件相对位置的正确是保证键槽对称度的关键。常用的对刀方法如下。

（1）切痕对刀法

1）盘形槽铣刀或三面刃铣刀的切痕对刀。先把工件大致调整到铣刀的中分线位置，再开动机床，在工件表面上切出一个椭圆形切痕，如图 3-35a 所示。然后横向移动工作台，使铣刀落在椭圆的中间位置，如图 3-35b 所示。

2）键槽铣刀的切痕对刀。其原理与三面刃铣刀的切痕对刀法相同，只是键槽铣刀的切痕是一个矩形小平面，如图 3-36a 所示。对刀时，使铣刀两切削刃在旋转时落在小平面的中间位置，如图 3-36b 所示。

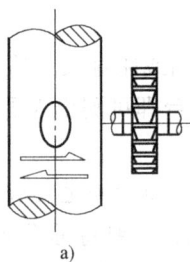

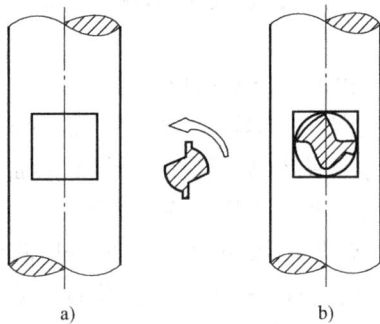

图 3-35　三面刃铣刀的切痕对刀法　　　图 3-36　键槽铣刀的切痕对刀法

（2）划线对刀法　先使划针的针尖偏离工件中心约 1/2 槽宽尺寸，在工件上划出一条线。然后利用分度头把工件转过 180°，划针放到另一侧再划出一条线。最后将工件转过 90°，使划线处于工件上方。调整工作台，使铣刀处在两条划线的中间即可。

（3）擦边对刀法　先在工件侧面贴一张薄纸，开动机床。当铣刀擦到薄纸后，向下退出工件，再横向移动工作台，移动距离为 A，如图 3-37 所示。

用盘形槽铣刀或三面刃铣刀时 A 值[⊖]为

$$A = (D + L)/2 + 纸厚$$

用立铣刀或键槽铣刀时 A 值为

$$A = (D + d_0)/2 + 纸厚$$

式中　A——工作台横向移动距离（mm）；

　　　D——工件直径（mm）；

　　　L——铣刀宽度（mm）；

　　　d_0——立铣刀直径（mm）。

（4）百分表对刀法　将一只杠杆百分表固定在铣床主轴上，通过上下移动工作台，使

⊖　在对刀过程中，若已把工件侧面切去一点，则把公式中的"＋纸厚"改为"－切除量"。

百分表的测头与工件外圆一侧的最突出素线相接触。再用手正反向转动主轴，记下百分表的最小读数。然后，将工作台向下移动，退出工件，并将主轴转过 180°。用同样的方法，在工件外圆的另一侧测得百分表最小读数。比较前后两次读数，如果差值在允许范围内，则主轴已对准工件中心。否则应按它们的差值，重新调整工作台的横向位置，直到百分表的两次读数差不超过允许范围为止，如图3-38a 所示。

工件若用平口钳或 V 形块装夹时，可用图 3-38b、图 3-38c 所示的方法来找正。

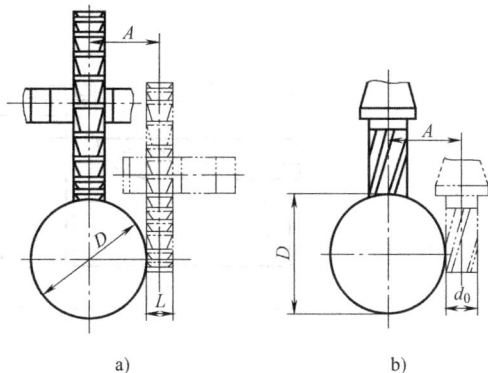

图 3-37 擦边对刀法
a）用盘形槽铣刀或三面刃铣刀　b）用立铣刀或键槽铣刀

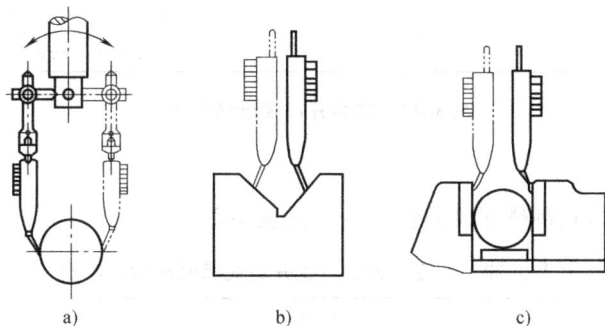

图 3-38 百分表对刀法

3. 铣开口式键槽

铣开口式键槽如图 3-39 所示，使用三面刃铣刀铣削。由于铣刀的振摆会使槽宽扩大，所以铣刀的宽度应稍小于键槽宽度。对于宽度要求较严的键槽，可先进行试铣，以便确定铣刀合适的宽度。

铣刀和工件安装好后，要进行仔细地对刀，也就是使工件的轴线与铣刀的中心平面对准，以保证所铣键槽的对称性。随后进行铣削深度的调整，调好后才可加工。当键槽较深时，需分多次走刀进行铣削。

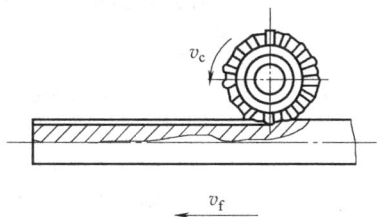

图 3-39 铣开口式键槽

技能训练

练习　铣削开口式键槽

1. 零件图

用三面刃铣刀铣削图 3-40 所示开口式键槽。

次数	T/mm	L/mm	H/mm
1	8	50	26 ± 0.1
2	8	60	26 ± 0.1

练习内容	练习时间	材料	毛坯尺寸(直径×长度)	件数	工时
铣削开口式键槽	3h	45	$\phi30\text{mm}\times100\text{mm}$	1	180min

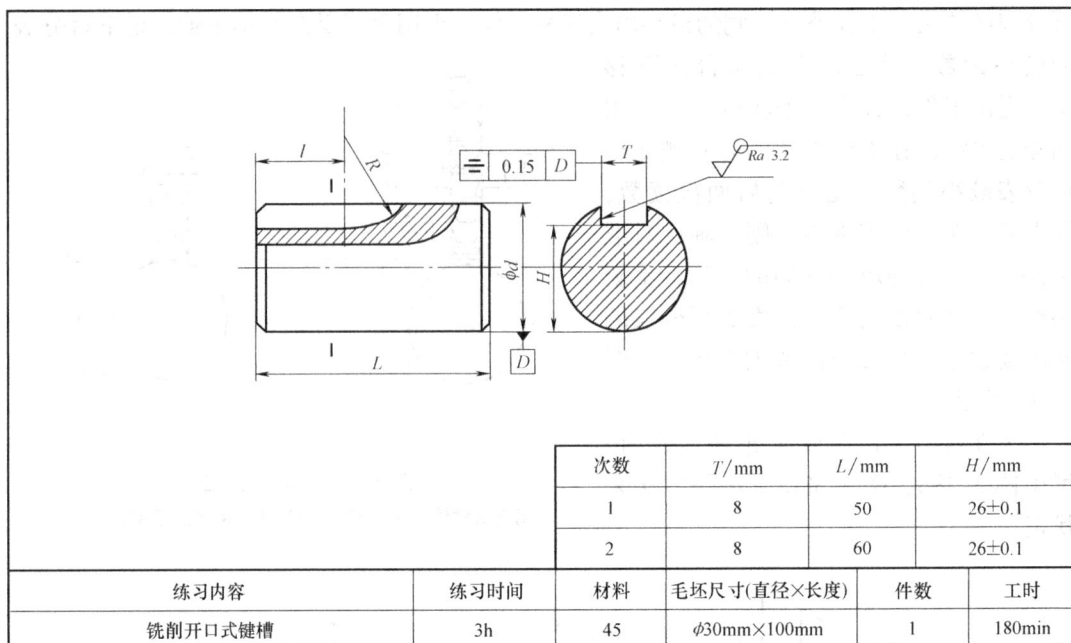

图 3-40 铣削开口式键槽零件图

2. 操作步骤

图 3-40 所示开口式键槽零件的铣削步骤见表 3-20。

表 3-20 用三面刃铣刀铣开口式键槽零件的步骤

步 骤	操 作 内 容	备 注
1	看图并检查毛坯尺寸，计算加工余量	
2	选用三面刃铣刀，将铣刀安装在刀杆上，校正铣刀的径向和轴向圆跳动公差	
3	选用平口钳夹工件。校正固定钳口，使其与工件纵向进给方向平行，然后紧固	调整正确
4	将工件放在钳口内，垫上平行垫铁，夹紧。若有表面粗糙度要求，需在两钳口处垫上铜皮	正确装夹
5	选择合适的铣削用量，将主轴变速器和进给变速器上各手柄扳至所需位置	$v_f=75\text{mm/min}$ $n=95\text{r/min}$
6	对刀调整：起动机床，操纵手柄，使铣刀与工件端面稍微接触，在纵向刻度盘上做好记号，使工件先纵向后垂向退出；摇动纵向手动进给手柄，从刻度盘上记号开始，移过半个铣刀直径，重新做好记号；摇动垂向手动进给手柄，使铣刀与工件母线刚刚接触，在垂向刻度盘上做好记号；操纵手柄，使铣刀侧刃与工件侧母线刚刚接触，操纵手柄，调整铣刀使其对准工件中心，紧固横向工作台；使工件先垂向后纵向退出	准确对刀
7	铣槽：起动机床，打开切削液开关，摇动垂向手动进给手柄，调整铣削深度，纵向自动进给完成铣削；操纵手柄，使工件先垂向后纵向退出；停机，关闭切削液开关，拆卸工件	正确操作
8	去毛刺，测量工件。如不符合要求，须重新铣削，直至满足图样要求	

[注意]

① 铣刀应进行试切，并注意校正铣刀的轴向圆跳动，否则槽宽不合格。

② 铣刀装夹应牢固，以防止铣削时产生松动。

③ 工作中不使用的进给机构应紧固，工作完毕后再松开。

④ 校正工件时不准用锤子直接敲击工件，以防止破坏工件表面。

⑤ 测量工件时应使铣刀停止旋转。

⑥ 铣削时应及时清除切屑。

课题八 铣削封闭式键槽

学习目标

① 掌握封闭式键槽的铣削方法。

② 学会正确选择铣刀。

③ 掌握键槽的测量方法。

④ 学会分析键槽铣削时出现的质量问题。

知识学习

铣封闭式键槽可用键槽铣刀和立铣刀来铣削。铣封闭式键槽时，可用图 3-41a 所示的抱钳装夹工件，也可用 V 形块装夹工件。

1. 用键槽铣刀铣封闭式键槽

铣削封闭式键槽的长度是由工作台纵向进给手柄上的刻度来控制的，深度是由垂向进给手柄上的刻度来控制，宽度则由铣刀的直径来控制。

用键槽铣刀铣封闭式键槽的操作过程如图 3-41b 所示。先将工件垂向进给移向铣刀，采用一定的背吃刀

图 3-41 铣封闭式键槽

a）抱钳装夹 b）铣封闭式键槽

量、纵向进给工件铣削键槽的全长，再垂向进给工件、反向纵向进给工件，多次反复直到完成键槽的加工。

2. 用立铣刀铣封闭式键槽。

由于立铣刀的端面齿是垂直的，所以用立铣刀铣封闭式键槽时吃刀困难，故应先在封闭式键槽的一端圆弧处用与立铣刀相同半径的钻头钻一个孔后，再用立铣刀铣削。

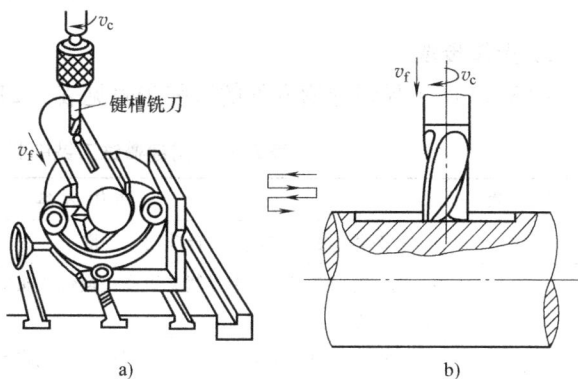

技能训练

练习　铣削封闭式键槽

1. 零件图

用键槽铣刀铣削图 3-42 所示轴上的键槽。

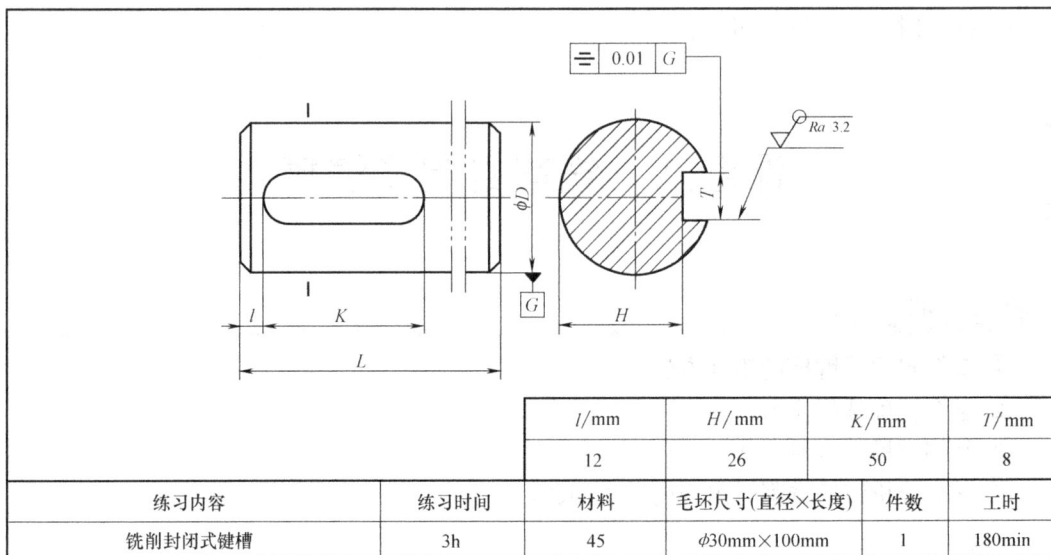

l/mm	H/mm	K/mm	T/mm
12	26	50	8

练习内容	练习时间	材料	毛坯尺寸(直径×长度)	件数	工时
铣削封闭式键槽	3h	45	φ30mm×100mm	1	180min

图 3-42　封闭键槽零件

2. 操作步骤

图 3-42 所示封闭键槽零件的铣削步骤见表 3-21。

表 3-21　用键槽铣刀铣削封闭键槽的步骤

步　骤	操 作 内 容	备　注
1	看图并检查毛坯尺寸，计算加工余量	
2	选用键槽铣刀，选择弹簧夹头或快换铣夹头安装铣刀，校正铣刀的径向圆跳动误差	
3	选用平口钳装夹工件，校正固定钳口，使之与纵向进给方向平行，然后将其紧固	调整正确
4	将工件放在钳口内，垫上平行垫铁，夹紧。若有表面粗糙度要求，需在两钳口处垫上铜皮	正确装夹
5	选择合适的铣削用量，将主轴变速器和进给变速器上各手柄扳至所需位置	$v_f = 150\text{mm/min}$ $n = 750\text{r/min}$
6	对刀调整：起动机床，操纵手柄，使铣刀圆周刃与工件侧母线刚刚接触；操纵手柄，调整铣刀使其对准工件中心，紧固横向工作台；操纵手柄，使铣刀底刃与工件上母线刚刚接触，在垂向刻度盘上做好记号后，使工件先垂向后纵向退出；操纵垂向和纵向进给手柄，使铣刀与端面刚刚接触，在纵向刻度盘上做好记号，使工件垂向退出；操纵纵向手柄，调整铣刀至正确位置，在纵向刻度盘上做好记号	准确对刀

（续）

步　骤	操 作 内 容	备　注
7	铣槽：起动机床，打开切削液开关，摇动垂向手动进给手柄，使工件靠近铣刀至接触，继续摇动垂向手动进给手柄，铣削至要求深度；摇动纵向手动进给手柄，完成铣削；操纵手柄，使工件先垂向后纵向退出；停机，关闭切削液开关，拆卸工件	正确操作
8	去毛刺，测量工件。如不符合要求，须重新铣削，直至满足图样要求	

[注意]

① 注意校正铣刀的径向圆跳动，否则槽宽不合格。

② 铣刀装夹应牢固，防止铣削时产生松动。

③ 铣削时，铣削深度不能过大，进给不能过快，否则会让刀。

④ 铣刀磨损后应及时刃磨和更换，以避免尺寸和表面粗糙度不合格。

⑤ 工作中不使用的进给机构应紧固，工作完毕后再松开。

⑥ 校正工件时不准用锤子直接敲击工件，以防破坏工件表面。

⑦ 测量工件时应使铣刀停止旋转。

⑧ 铣削时应及时清除切屑。

课题九　铣 T 形 槽

学习目标

① 掌握 T 形槽的铣削方法。

② 能正确选择铣 T 形槽的铣刀。

③ 学会分析铣削中出现的质量问题。

知识学习

铣 T 形槽的方法如下。

如图 3-43 所示，要加工 T 形槽，必须首先用三面刃铣刀或立铣刀铣出直角槽，再用 T 形槽铣刀铣出 T 形槽，最后用角度铣刀倒角。由于 T 形槽的铣削条件差、排屑困难，所以铣削用量应取小些，并要加注充足的切削液。

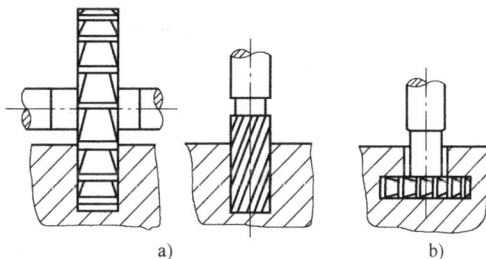

图 3-43　铣 T 形槽

a）铣直角槽　b）铣 T 形槽

技能训练

练习 铣 T 形 槽

1. 零件图

铣削图 3-44 所示的 T 形槽。

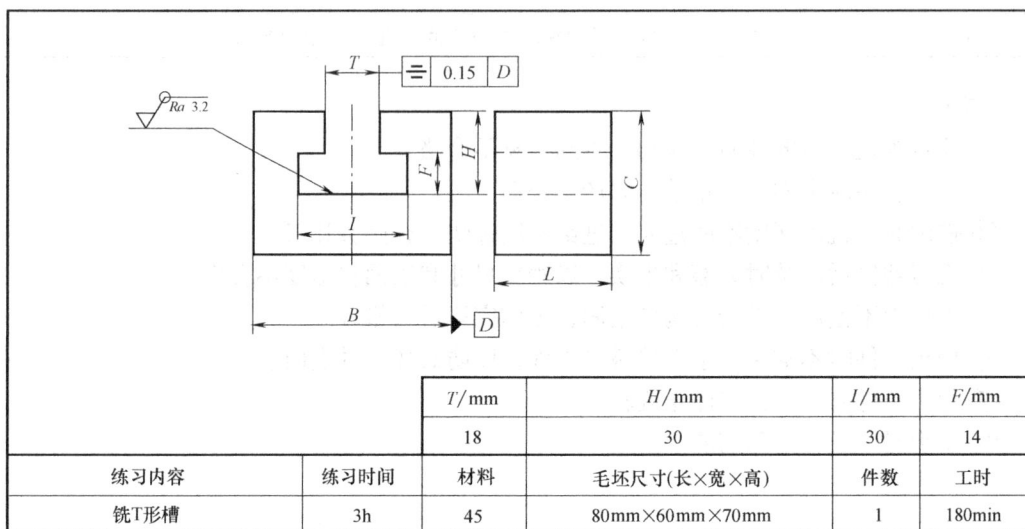

T/mm	H/mm	I/mm	F/mm
18	30	30	14

练习内容	练习时间	材料	毛坯尺寸(长×宽×高)	件数	工时
铣T形槽	3h	45	80mm×60mm×70mm	1	180min

图 3-44 铣 T 形槽

2. 操作步骤

铣削图 3-44 所示 T 形槽的操作步骤见表 3-22。

表 3-22 铣削图 3-44 所示 T 型槽的操作步骤

步　骤	操作内容	备　注
1	看图检查毛坯尺寸,画出窄槽和 T 形槽的轮廓线	
2	选用立铣刀和 T 形槽铣刀,先将立铣刀用快换夹头安装在立铣头锥孔中	立铣刀 $\phi 18mm$,$Z=3$ T 形槽铣刀 $\phi 30mm \times 14mm$
3	选用平口钳装夹工件,校正固定钳口,使其与纵向进给方向平行,然后紧固	调整正确
4	将工件放在钳口内预紧,校正工件上表面,使其与工作台面平行,然后夹紧	正确装夹
5	选择合适的铣削用量,将主轴变速器和进给变速器上各手柄扳至所需位置	$v_f = 75mm/min$ $n = 300r/min$
6	对刀调整:调整工作台,使铣刀位于工件端面,目测铣刀使其在端面的中心位置;起动机床,摇动纵向手动进给手柄,切出刀痕,停机,纵向退出工件;测量刀痕与工件两侧面的距离是否相等,若不相等,调整横向工作台,再进行试切至相等,紧固横向工作台;起动机床,操纵手柄,使铣刀与工件刚刚接触,在垂向刻度盘上做好记号,使工件先垂向后纵向退出	准确对刀

（续）

步　骤	操 作 内 容	备　注
7	铣直角沟槽：起动机床，摇动垂向手动进给手柄，使工作台上升 H；摇动纵向手动进给手柄，使工件与铣刀刚刚接触；打开切削液开关，纵向自动进给切出直角槽，停机，关闭切削液开关，使工件先垂向后纵向退出	正确操作
8	切 T 形槽：换刀，调整切削用量；起动机床，操纵手柄，使 T 形槽铣刀的端面齿刃擦至槽底；摇动纵向手动进给手柄，使工件直角槽两侧同时接触铣刀，并切出刀痕，退出工件；测量槽深及两侧的对称度，若不符合要求，需调整工作台，试切至要求尺寸；继续手动进给，当铣刀一小部分进入工件后改为自动进给，同时打开切削液开关，铣出 T 形槽；停机，关闭切削液开关，拆卸工件	正确操作
9	去毛刺，测量工件。如不符合要求，须重新铣削，直至满足图样要求	

[注意]

①用 T 形槽铣刀铣削时，因铣刀埋在工件里，切屑不易排出，故应经常退出铣刀，以清除切屑。

②用 T 形槽铣刀铣削时，切削热不易散发，应浇注充足的切削液。

③ T 形槽铣刀在切出工件时产生顺铣，会使工作台窜动而折断铣刀，故出刀时应改为手动缓慢进给。

④用 T 形槽铣刀铣削时切削条件差，要用较小的进给量和较低的切削速度。

课题十　分度头的使用

学习目标

①了解分度头的结构及功用。

②掌握分度的方法。

③掌握分度头的安装和调整方法，能正确校正分度头。

④掌握利用分度头安装工件的方法。

知识学习

1. 分度头的功用

1）使工件绕自身的轴线进行分度（等分或不等分）。

2）使工件的轴线相对铣床工作台台面形成所需要的角度（水平、垂直或倾斜），利用分度头卡盘在倾斜位置上装夹工件。

3）可配合工作台的移动，使工件连续旋转，以铣削螺旋槽或凸轮。

2. 分度头的结构

分度头的结构如图 3-45a 所示。分度头的基座上装有回转体，分度头主轴可随回转体在垂直平面内作向上 90°和向下 10°范围内的转动。分度头主轴前端常装有三爪自定心卡盘和顶尖。

进行分度操作时，需拔出分度定位销并转动分度手柄，通过齿数比为 1:1 的直齿圆柱齿轮副传动带动蜗杆转动，又经齿数比为 1:40 的蜗杆蜗轮副传动带动主轴旋转即可完成分度，如图 3-45b 所示。

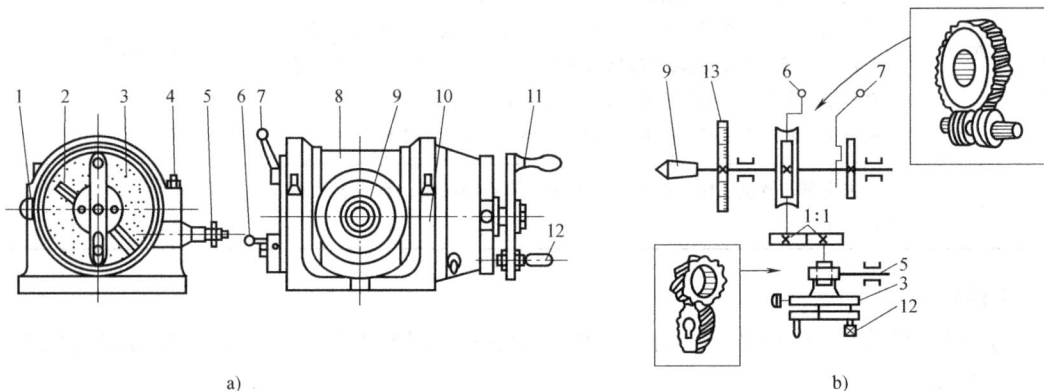

a)   b)

图 3-45 分度头的结构和传动系统

a）结构 b）传动系统

1—分度盘紧固螺钉 2—分度叉 3—分度盘 4—螺母 5—交换齿轮轴承 6—蜗杆脱落手柄 7—主轴锁紧手柄 8—回转体 9—主轴 10—基座 11—分度手柄 12—分度定位销 13—刻度盘

3. 分度方法

使用分度头进行分度的方法很多，如直接分度法、简单分度法、角度分度法和差动分度法等，这里仅介绍最常用的简单分度法。

简单分度法的计算公式为 $n=40/z$。例如铣削直齿圆柱齿轮，其齿数 $z=36$，则每一次分度时手柄转过的转数：

$$n = \frac{40}{z} = \frac{40}{36}r = 1\frac{1}{9}r = 1\frac{6}{54}r$$

就是说，每分一齿，手柄需转过一整转后再转过 1/9 转，而这 1/9 转是通过分度盘来控制的。一般分度头备有两块分度盘，每块分度盘的两面各有许多孔圈且各孔圈的孔数均不等，但同一孔圈的孔距则是相等的。分度盘的孔数见表 3-23。

表 3-23 分度盘的孔数

分度头型式	分度盘的孔数	
带一块分度盘	正面：24、25、28、30、34、37、38、39、41、42、43	
	反面：46、47、49、51、53、54、57、58、59、62、66	
带两块分度盘	第一块	正面：24、25、28、30、34、37
		反面：38、39、41、42、43
	第二块	正面：46、47、49、51、53、54
		反面：57、58、59、62、66

简单分度时，分度盘固定不动，将分度手柄上的分度定位销拔出，调整到孔数为 9 的倍数的孔圈上，即调整到孔数为 54 的孔圈上。分度时，手柄转过一转后，再沿孔数为 54 的孔圈转过 6 个孔间距，即可铣削第二个齿槽。

为了避免每次数孔的烦琐及确保手柄转过的孔距数可靠，可调整分度盘上分度叉 1 与 2 之间的夹角，使之等于欲分的孔间距数对应的角度，这样依次进行分度时就可准确无误，如图 3-46 所示。

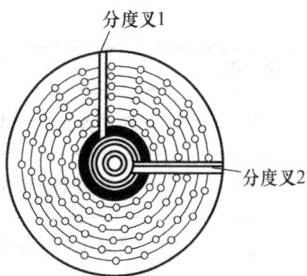

图 3-46 分度盘

技能训练

练习一 分度盘的拆装

按照图 3-47 所示分度盘的结构进行拆装。拆装步骤见表 3-24。

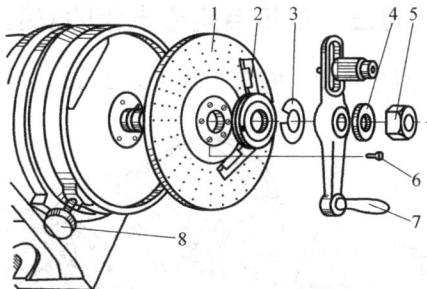

图 3-47 分度盘的拆装示意图

1—分度盘 2—分度叉 3—弹簧垫圈 4—垫圈 5—螺母 6—分度盘紧定螺钉
7—分度手柄 8—分度盘紧固螺钉

表 3-24 分度盘的拆装步骤

步　骤	操作内容	备　注
1	认识分度头的结构	能正确指认各组成部件并说出其名称
2	拆下分度手柄紧固螺母 5、垫圈 4，取下分度手柄 7	
3	拆下弹簧垫圈 3 和分度叉 2	
4	拆下分度盘紧定螺钉 6 和分度盘紧固螺钉 8	
5	将两个分度盘紧定螺钉 6 旋入分度盘 1 的螺孔中，用手指捏住螺钉，用力将分度盘 1 拉出	按正确的步骤进行拆装
6	将选好的分度盘按上述步骤的反次序装好	装配正确，连接可靠

练习二 分度叉的调整

分度叉的调整步骤见表 3-25。

表 3-25　分度叉的调整步骤

步　骤	操作内容	示意图	备　注
1	转动弹簧片，找出分度叉紧定螺钉 3		
2	松开两个分度叉紧定螺钉 3		
3	将分度定位销插入选定的孔圈中的任意孔中		分度叉两叉夹角之间的实际孔数应比需要的孔距多一个孔，因为第一个孔作为起始点，不计算
4	将分度叉 1 紧贴分度定位销。如分度手柄要转过 5 个孔距，则顺时针方向数过 5 个孔距，并将分度叉 2 贴紧第 5 个孔距处	1、2—分度叉　3—紧定螺钉	
5	紧固分度叉紧定螺钉		

练习三　三爪自定心卡盘的安装

三爪自定心卡盘的安装见图 3-48，安装步骤见表 3-26。

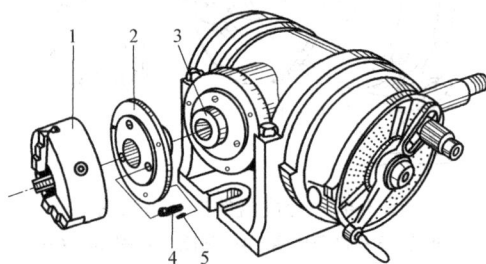

图 3-48　在分度头上安装三爪自定心卡盘

1—三爪自定心卡盘　2—连接盘　3—主轴　4、5—内六角螺钉

表 3-26　在分度头上安装三爪自定心卡盘的步骤

步　骤	操作内容	备　注
1	将分度头主轴 3 前端外锥体及连接盘 2 内的锥孔、端面孔擦净并修去毛刺	按正确的步骤进行拆装，装配正确，连接可靠各内六角螺钉必须并紧
2	将连接盘 2 装入主轴外锥体上，用 3 个内六角螺钉 5 紧固	
3	将三爪自定心卡盘 1 装入连接盘 2 上，对准螺孔后用 3 个内六角螺钉 4 紧固	

注：为了防止拆卸时三爪自定心卡盘跌落压伤工作台面或手指，可在主轴孔中放置一圆棒。

练习四　前顶尖与拨盘的安装

前顶尖与拨盘的安装步骤见表 3-27。

表 3-27　前顶尖与拨盘的安装步骤

步　骤	操 作 内 容	示 意 图	备　注
1	擦净各安装配合部位		按正确的步骤进行拆装，做到装配正确、连接可靠
2	安装前顶尖，手握前顶尖 3 前端对准主轴内锥孔用力推紧，使配合面贴合	1—内六角螺钉　2—拨盘	
3	安装拨盘，将拨盘 2 装入分度头主轴 4 前端，对准螺孔后，紧固 3 个内六角螺钉 1	3—前顶尖　4—分度头主轴	

练习五　精度校正

教师演示用心轴校正分度头各形位精度的方法。

[注意]

① 所有拆装的部件均需擦拭干净，拆装必须按正确的步骤进行，不能硬装、硬拆。

② 校正时不得用锤子直接敲击标准心轴、分度头及尾座，所用百分表指针的转动量应不超过 0.2mm。

③ 分度时应先松开主轴锁紧手柄，加工螺旋面工件时不能锁紧主轴。

④ 要经常保持分度头的清洁，用完要擦拭干净并上油；放置时要轻放垫稳，搬运时要防止跌坏；要防止主轴锥孔碰毛。

⑤ 各润滑部位要定期加油，并需经常检查油量是否在油标线内。

⑥ 严禁过载使用分度头。

课题十一　铣四方、六方

学习目标

① 掌握铣刀的选择、安装及工件的装夹、找正方法。

② 掌握分度的计算方法，巩固分度定位销的调整方法。

③ 巩固铣削的对刀方法及铣削时轴向、径向尺寸的控制方法。

④ 熟悉在卧式铣床上用分度头铣削四方的方法。

⑤ 熟悉用分度头铣削六方的步骤及用游标万能角度尺检测角度的方法。

⑥ 学会合理选择铣削用量。

知识学习

铣削圆柱体上带有的多边形工件的方法比较多，如可在卧式或立式铣床上用三面刃铣刀或立铣刀进行铣削。

三面刃铣刀或立铣刀的直径可根据加工面的大小选用。安装三面刃铣刀时，应将铣刀安装在刀杆中间位置上。安装锥柄立铣刀时，可用变径套将其安装在铣床的主轴孔中，并用拉紧螺杆将铣刀拉紧。

1. 工件的装夹与找正

将分度头水平安放在工作台中间 T 形槽偏右端。用三爪自定心卡盘装夹工件，并找正工件，使其上素线与工作台面平行，侧素线与工作台纵向进给方向平行，以保证铣出工件的外形和尺寸一致。工件伸出长度应尽量短，以减小切削振动、保证铣削时工件平稳。然后找正工件的外圆，使其径向圆跳动量在 0.04mm 以内，夹紧工件，如图 3-49 所示。

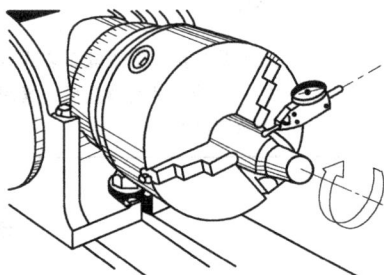

图 3-49　工件的装夹与找正

2. 在卧式铣床上用一把三面刃铣刀铣四方

（1）调整分度起点　将分度手柄顺时针空摇数转后，将分度定位销插入孔数为 66 的孔圈中的分度孔中，并在该分度孔上作好记号，然后扳紧主轴锁紧手柄。

（2）侧面对刀确定铣削深度　在工件侧面贴一张薄纸，开动机床，摇动纵向和垂向手动进给手柄，使铣刀处于铣削位置。然后缓慢摇动横向手动进给手柄至使薄纸刚好擦去，如图 3-50a 所示，在横向刻度盘上画好记号，垂向下降工作台。根据横向刻度盘上的记号和深度加工要求，横向移动工作台调整铣削层的深度。如果加工要求高，可留 0.5mm 的加工余量。如图 3-50b 所示。

（3）端面对刀确定铣削长度　在工件端面贴一张薄纸，摇动纵向手动进给手柄，使工件离开铣刀，垂向上升到刀杆中心位置。开动机床，缓慢摇动纵向手动进给手柄，使铣刀刚好擦到薄纸，如图 3-50c 所示，在纵向刻度盘上画好记号，垂向下降工作台。根据纵向刻度盘上的记号和长度加工要求，纵向移动工作台调整铣削长度。如果加工精度要求高，可留 0.5mm 的加工余量，如图 3-50d 所示。

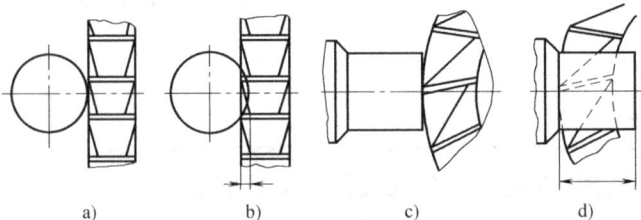

a)　　　　　b)　　　　　c)　　　　　d)

图 3-50　三面刃铣刀铣四方对刀步骤

（4）铣削　开动机床，垂向自动进给，并加注切削液。每铣好一面，下降工作台，分度手柄摇 10 整转，依次铣完四个面，如图 3-51 所示。

3. 在卧式铣床上用一把三面刃铣刀铣六方

（1）调整分度定位销和分度叉 将分度手柄顺时针空摇数转后，将分度定位销插入孔数为 66 的孔圈的分度孔中。调整分度叉夹角，使其夹角间为 45 个孔，然后扳紧主轴锁紧手柄。

（2）对刀 与铣四方的对刀方法相同，每面的铣削层深度由横向手动进给手柄刻度盘控制，铣削长度由纵向手动进给手柄刻度盘控制。

（3）铣削 调整好铣削层深度和长度后，将横向、纵向工作台紧固，垂向自动进给。铣完一面后，分度手柄转过 20 转，铣出对应面。经测量后，进行调整。按调整后的尺寸，每铣好一面，分度手柄摇 6 转又 44 个孔距，依次铣完六个面，如图 3-52 所示。

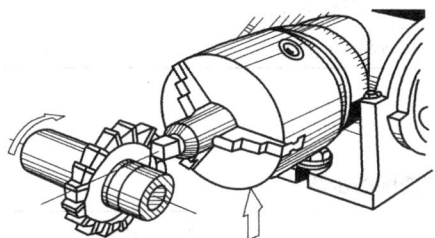

图 3-51 在卧式铣床上用三面刃铣刀铣四方　　图 3-52 在卧式铣床上用三面刃铣刀铣六方

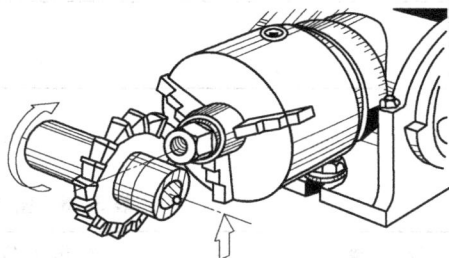

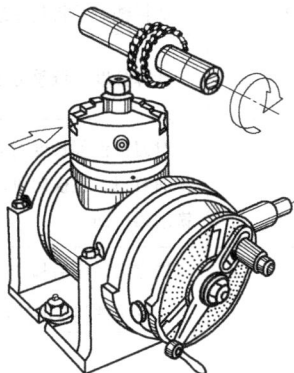

此外，还可用立铣刀和组合铣刀等铣四方、六方，如图 3-53、图 3-54 所示。

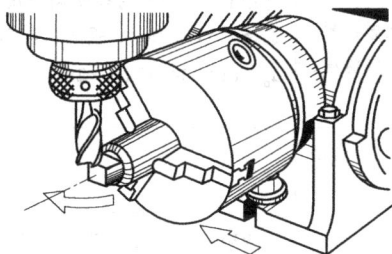

图 3-53 在立式铣床上用立铣刀铣四方　　图 3-54 用组合铣刀铣六方

技能训练

练习一 铣 四 方

1. 零件图

利用分度头铣削图 3-55 所示工件上的四方。

2. 操作步骤

图 3-55 所示四方铣削的步骤见表 3-28。

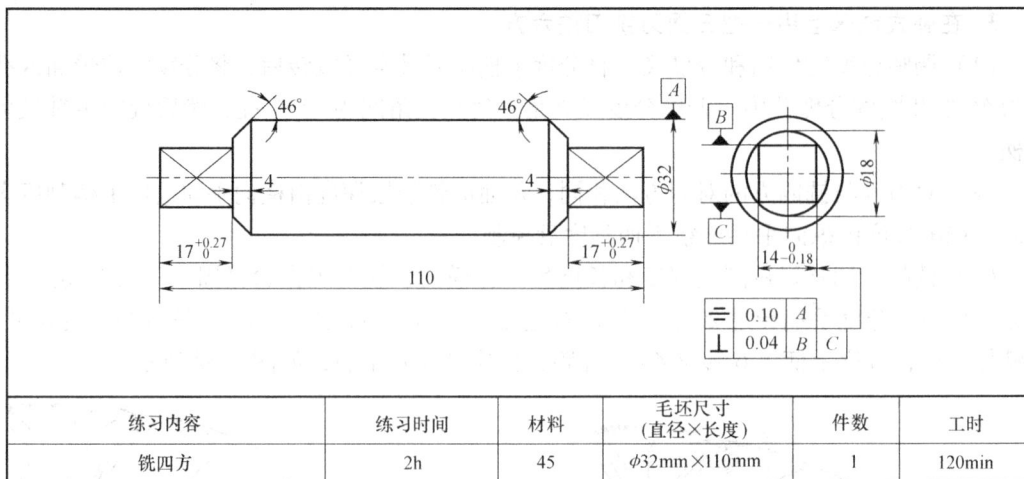

练习内容	练习时间	材料	毛坯尺寸 (直径×长度)	件数	工时
铣四方	2h	45	$\phi32mm\times110mm$	1	120min

图 3-55 铣四方

表 3-28 图 3-55 所示四方铣削的步骤

步 骤	操 作 内 容	备 注
1	将分度头水平安放在工作台中间 T 形槽偏右端，并用三爪自定心卡盘装夹工件 $\phi32$ 外圆面，使其伸长量为30mm，找正分度头和工件	保证工件上素线与工作台面的平行度、侧素线与纵向进给方向的平行度
2	选择铣刀并将其安装在刀杆的中间位置上	选用 $\phi100\times12mm$ 的直齿三面刃铣刀
3	计算分度，调整分度起点；调整铣削用量	每铣完一面后应转过 $(40/4)r=10r$，选用孔数为66的孔圈插分度定位销；
4	对刀：铣削长度对刀，在纵向刻度盘上画线做记号；侧面对刀，在横向刻度盘上做记号；调整铣削层深度，铣削第一面	选择 $n=118r/min$；垂向 $v_f=95mm/min$ $a_p=(18-14)/2mm=2mm$
5	铣完第一面后检测，保证尺寸 $14_{-0.18}^{0}$ 和 $17_{0}^{+0.27}$ 合格后，依次铣削各面达尺寸要求	
6	质量检验	用游标卡尺和千分尺检验各部分尺寸，用刀口形直尺检验四方各面之间的垂直度

[注意]

① 在对刀调整好横向、纵向尺寸后，要将纵、横向工作台紧固。

② 铣削时要锁紧分度头主轴。

③ 在卧式铣床上使用垂向进给时，必须集中注意力，以防铣刀铣及工作台、悬梁与三爪自定心卡盘。

④ 快进时不能使工件与铣刀碰撞。

⑤ 在主轴完全停止后，才能测量工件、触摸工件表面。

⑥ 为保证加工要求，可先用废圆棒试铣。

⑦ 要注意分度头和铣刀刀杆、挂架之间的距离，防止加工中发生碰撞。

练习二　铣　六　方

1. 零件图

利用分度头在铣床上铣削图 3-56 所示的六角面。

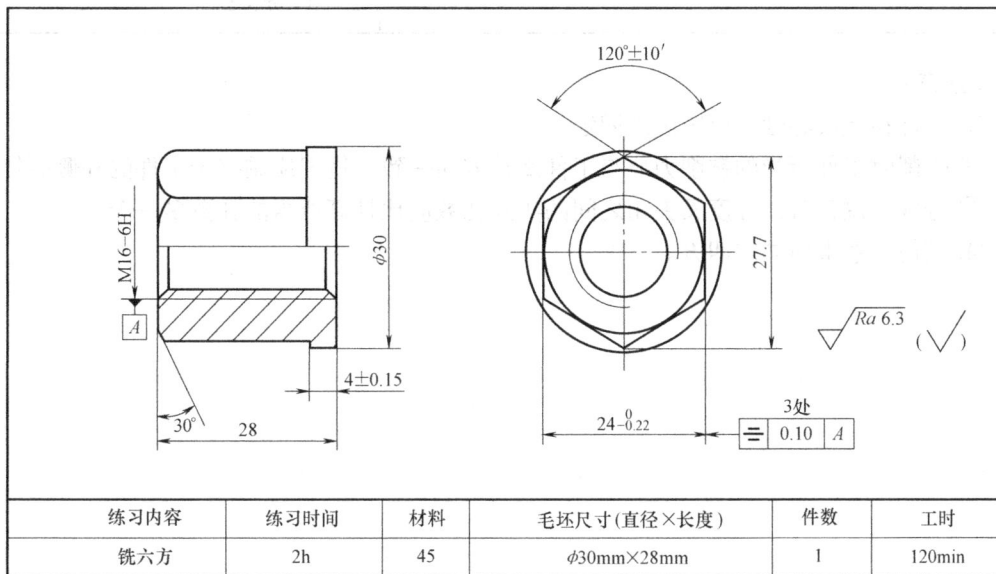

练习内容	练习时间	材料	毛坯尺寸(直径×长度)	件数	工时
铣六方	2h	45	$\phi30mm\times28mm$	1	120min

图 3-56　铣六方

2. 操作步骤

图 3-56 所示六方的铣削步骤见表 3-29。

表 3-29　铣削图 3-56 所示六方的步骤

步　骤	操作步骤	备　注
1	将分度头水平安放在工作台中间 T 形槽偏右端，并用三爪自定心卡盘装夹带有螺纹的专用心轴，用管子钳将工件扳紧在心轴上，找正分度头和工件	保证工件上素线与工作台面的平行度、侧素线与工作台纵向进给方向的平行度 保证心轴的同轴度
2	选择铣刀并将其安装在刀杆的中间位置上	选用 $\phi100\times12mm$ 的直齿三面刃铣刀
3	计算分度，调整分度起点（分度叉夹角间有 45 个孔）；调整铣削用量	分度手柄每铣完一边后应转过 $(40/6)r$ $=(6+44/66)r$。选用孔数为 66 的孔圈插分度定位销；选择 $n=118r/min$，垂向 $v_f=95mm/min$
4	对刀，调整铣削层深度，铣削第一面	铣削长度对刀，在纵向刻度盘上画线做记号；工件外侧面对刀，在横向刻度盘上做记号。$a_p=[(30-24)/2]mm=3mm$
5	铣完第一面后，分度手柄在 66 孔圈上转过 20 转，铣出对应面，预测尺寸并调整合格后，依次铣削各面，达到尺寸要求	保证 $24_{-0.22}^{0}$，4 ± 0.15，$120°\pm10'$

（续）

步　骤	操 作 步 骤	备　注
6	质量检验	用游标卡尺和千分尺检验各部分尺寸，用游标万能角度尺测量六方各个面之间的角度，对称度检验可将工件装夹在分度头上结合百分表进行

[注意]

① 工件在螺纹心轴上要牢固地固定。

② 铣削时工件所受的铣削力要与工件旋转方向一致，铣刀应调整于工件的外侧面处。

③ 分度叉调整时，分度叉夹角之间的实际孔数应比计算所需的孔数多一个。

④ 其他注意事项同铣四方。

模块四 刨 工 实 训

课题一 牛头刨床的调整与操作

学习目标

① 熟悉各操作机构的功能。

② 能较熟练地调整和操作牛头刨床。

知识学习

生产中应用较广的刨床为 B6050 型牛头刨床。

1. B6050 型牛头刨床的结构

B6050 型牛头刨床主要由床身、底座、横梁、工作台、滑枕、刀架、曲柄摇杆机构、变速机构、进给机构和摩擦离合器等组成。其外形如图 4-1 所示。

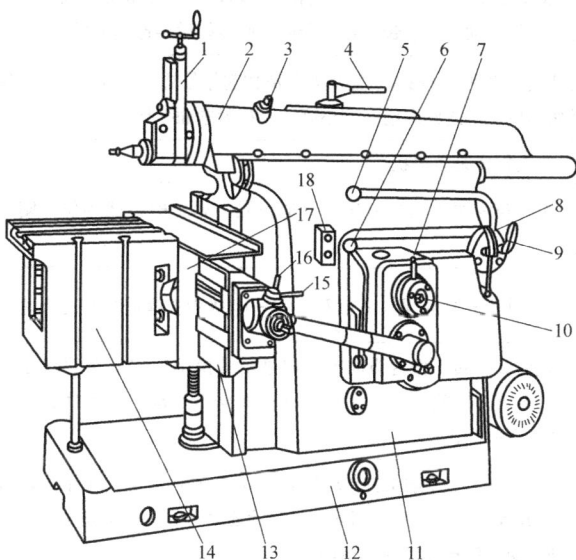

图 4-1　B6050 型牛头刨床外形图

1—刀架　2—滑枕　3—调节滑枕起始位置方头　4—紧固手柄　5—操作手柄　6—工作台快移手柄　7—进给量调节手柄
8、9—变速手柄　10—调节行程长度方头　11—床身　12—底座　13—横梁　14—工作台　15—进给运动换向手柄
16—工作台横向或垂向进给转换手柄　17—工作台滑板　18—电器按钮盒

2. 牛头刨床的操作

牛头刨床的操作者应面向刨床站在右侧。如果发生问题，可以及时切断电源，并将操作手柄5向里推，使机床停止运动。

技能训练

练习一　刨床的调整

B6050型牛头刨床的调整见表4-1。

表 4-1　B6050 型牛头刨床的调整

调整项目	操作内容及要求	备　注
1. 调整工作台高低位置	1）将支承柱的紧固螺钉松开	停机调整
	2）进给运动换向手柄15向右偏转，工作台横向或垂向进给转换手柄16置于空挡位置处	
	3）用曲柄摇手顺时针或逆时针摇动进给方头，控制工件顶面与滑枕导轨底面的距离，再将紧固螺钉紧固	
2. 调整刀架	1）松开拍板座上的紧固螺母，拍板座绕环形槽偏转 ±15°，调整后拧紧螺母	停机调整
	2）松开刀架上的紧固螺母，刀架绕转盘偏转 ±60°，调整后拧紧螺母	
3. 调整滑枕行程长度	1）松开滚花压紧螺母，用摇手摇动方头10，顺时针转动，行程长度增长，反之则缩短	停机调整开机检查
	2）将变速手柄8、9向外拉，用摇手转动机床右侧后下端的方头，使滑枕往复运动，观察长度是否合适，调整好后再拧紧螺母	
4. 调整滑枕起始位置	松开紧固手柄4，用摇手摇动调节滑枕起始位置方头3，顺时针转动使滑枕向后，反之则向前。调整好后，拧紧紧固手柄	停机调整开机检查
5. 调整滑枕移动速度	1）检查机床是否停机	停机调整
	2）推、拉变速手柄8和9到合适位置。如手柄不能到位，则点动机床	
6. 调整进给量的大小	顺时针扳转进给量调节手柄7，从1~16级中选择适当的进给量	
7. 调整工作台的进给方向	1）逆时针扳转工作台横向或垂向进给转换手柄16，将进给运动转换手柄15顺时针放置，则实现机动横向向右运动；将手柄逆时针放置，则向左机动进给	观察手柄位置与工作台的运动方向
	2）工作台横向或垂向进给转换手柄16逆时针放置，进给运动转换手柄15放置于空挡位置。用摇手顺时针摇动方头，则实现手动横向向右运动；逆时针摇动则向左运动	
	3）工作台横向或垂向进给转换手柄16逆时针放置，将工作台快移手柄6向外拉，调整进给运动转换手柄15的位置，实现快速横向向左、向右运动	

（续）

调整项目	操作内容及要求	备　注
7. 调整工作台的进给方向	4）保持工作台快移手柄 6 位置向外，顺时针扳动工作台横向或垂向进给转换手柄 16，调整进给运动转换手柄 15 的位置，实现快速向上、向下运动	观察手柄位置与工作台的运动方向
	5）将工作台快移手柄 6 向内压，进给运动转换手柄 15 处于空挡位置，用摇手摇动方头，实现手动垂直向上、向下运动	
	6）工作台快移手柄 6 向内，调整进给运动转换手柄 15，实现机动垂直向上、向下运动	

练习二　牛头刨床的操作

牛头刨床的操作见表 4-2。

表 4-2　牛头刨床的操作

步骤	操作内容	备　注
1	操作者站在牛头刨床的右前侧，面向刨床	操作者的位置
2	接通电源，按起动按钮	起动机床操作
3	检查并调整滑枕行程长度和位置	滑枕行程长度和位置
4	调整工作台高低位置	工作台高低位置
5	选择进给量的大小并确定进给方向	进给运动
6	拉动手柄，开动机床开始工作	手柄操作
7	工作结束后，将滑枕与工作台移到中间位置、手柄置于空位后，切断电源	各部件和手柄的位置

[注意]

① 开机前，检查交接班记录，检查润滑和安全防护情况。

② 经常检查各部件是否松动，若松动应及时拧紧。

③ 在调整滑枕行程长度时，注意使滑枕不要与床身相撞。

④ 快速移动时，滑枕必须停止。快移到极限位置之前，改为手动。

⑤ 必须先停机后变速。

课题二　牛头刨床的润滑及保养

学习目标

① 熟悉牛头刨床的润滑步骤，并能够进行正确润滑。

② 掌握牛头刨床的一级维护保养。

知识学习

1. B6050 型牛头刨床的润滑

为保证刨床的工作精度、延长其工作寿命，必须经常地正确润滑和维护保养机床。B6050 型牛头刨床的润滑位置见图4-2。

2. 刨床的日常维护保养

1）滑枕、镶条、各传动牙轮及挡油毛毡的情况检查。

2）刀架镶条、丝杠及螺母的调整，紧固各部螺钉。

3）横向走刀丝杠、全损耗系统用油泵滤网及附件的清洗。

图 4-2 B6050 型牛头刨床的润滑位置
1—每三个月加油一次 2—每班加油一次

4）升降丝杠及锥齿轮、自动走刀轮盒的检查清洗。

5）离合器、传动带松紧度及制动带的检查调整。

6）调整各操作手柄松动部分。

7）检查液压泵及各润滑油管供油情况。

8）电动机、机床内外各部清洁，各部加注润滑油。

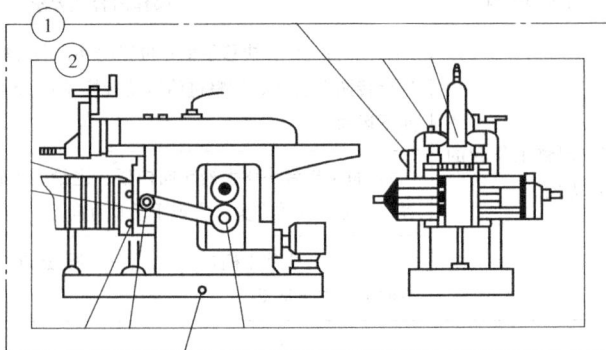

技能训练

练习一 B6050 型牛头刨床的润滑

B6050 型牛头刨床的润滑操作步骤见表4-3。

表 4-3 B6050 型牛头刨床的润滑操作步骤

步骤	操作内容	备注
1	检查设备的润滑情况	填写润滑情况记录表
2	判断哪些部位需要润滑	结合润滑示意图判断
3	润滑	润滑油的选择
		润滑方式的选择

练习二 一级保养的操作

B6050 型牛头刨床的一级保养操作步骤见表4-4。

表 4-4 B6050 型牛头刨床的一级保养操作步骤

步骤	操作内容		备注
1	变速器	擦洗变速器各齿轮	保持齿轮清洁
		检查齿轮是否松动	松动的需紧固
		检查拨叉是否松动	松动的需紧固
		将床身内润滑油擦挣	保持床身清洁

（续）

步骤		操 作 内 容	备　注
2	刀架部分	擦洗丝杠、导轨面、锥齿轮，并去除疤痕	保持丝杠、导轨面、锥齿轮的清洁
		清洗油孔、油毡垫、油槽	保持各部位的清洁
3	工作台	擦洗丝杠、导轨面	保持丝杠、导轨面清洁
		清洗油孔、油毡垫	检查各处有无油污
		检查紧固螺钉是否松动	松动的需紧固
4	其他	擦洗表面及死角	检查各部分情况

[注意]

① 经常观察润滑系统的工作是否正常。如有异常，应立即停机检查，以免造成事故。

② 在夏季应采用粘度稍高的润滑油，冬季应采用粘度稍低的润滑油。

③ 机床每运转 500h 进行一次一级保养。

④ 一级保养一般以操作者操作为主，维修工协助进行。

课题三　刨平面及平行面

学习目标

① 掌握平面刨刀刃磨的一般方法和技巧。

② 掌握平面刨刀角度的测量。

③ 掌握平面刨刀的安装方法。

④ 能用手动和机动方式刨削平面。

知识学习

1. 平面刨刀的刃磨

常用的 YG8 硬质合金 60°尖头刨刀的几何形状如图 4-3 所示。刨刀刃磨的一般方法如下。

（1）刃磨后刀面　左手握住刀杆前部，右手握住刀杆后部，站在砂轮右前侧，将刨刀靠到砂轮圆周面上，使刀杆中心线与砂轮圆周面成 30°，刀头稍向上抬起 8°。双手向前用力，并左右移动，磨出主偏角和后角。

（2）刃磨副后刀面　右手握住刀杆前部，左手握住刀杆后部，使刀杆中心线与砂轮圆周面的横向成 60°，刀头稍向上抬起。双手向前用力，并左右移动，磨出副偏角、副后角及刀尖角。

（3）刃磨前刀面　右手握住刀杆前部，左手握住刀杆后部。将前刀面靠向砂轮，刀头前端抬起 30°，使主切削刃成水平状态；再将刀杆的上侧向外倾斜 15°，使下侧先接触砂轮，慢慢磨至与主切削刃相接，磨出前角为 15°。

（4）刃磨刀尖圆弧 右手握住刀杆前部，左手握住刀杆后部，将刀尖靠向砂轮，左手左右摆动刀杆后端，向前用力要轻，磨出刀尖圆弧。一般刀尖圆弧的半径为1~3mm。

（5）检验 用样板检查后角与楔角，若符合要求，则前角也符合要求。检查主切削刃是否有缺损，如有缺损则需重磨，以保持主切削刃锋利。

2. 平面刨刀的安装

1）将刨刀装在夹刀座内，安装时拍板座和刀架应处于中间垂直位置，如图4-4所示。

2）刨刀不能伸出过长，伸出量一般为刀杆厚度的1.5~2倍。弯头刨刀的伸出长度以弯曲部分不碰拍板为宜，如图4-5所示。

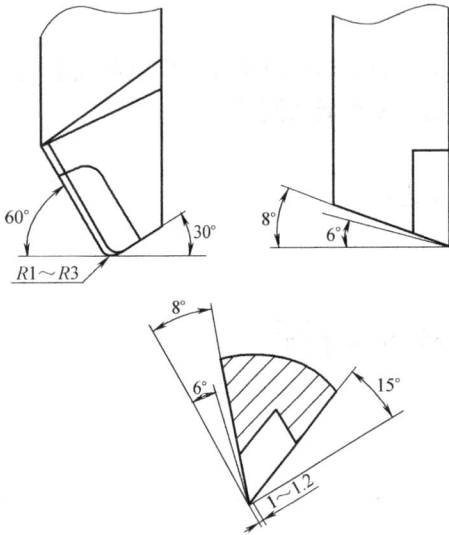

图4-3　尖头刨刀的几何形状

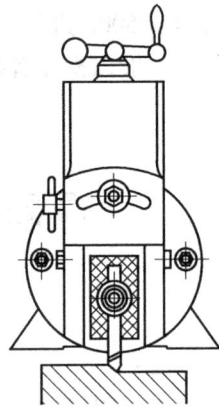

图4-4　安装刨刀时刀架、拍板座和刨刀的位置关系

3）装卸刨刀时，左手握住刨刀，右手使用扳手。扳手位置要适当，用力方向必须由上而下或倾斜而下拧螺钉，将刨刀压紧或放松。用力方向不能由下而上，以免因拍板翻起和扳手滑落而碰伤或压伤手指，如图4-6所示。

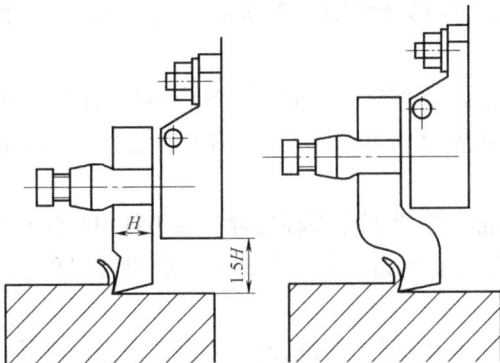

图4-5　刨刀伸出长度

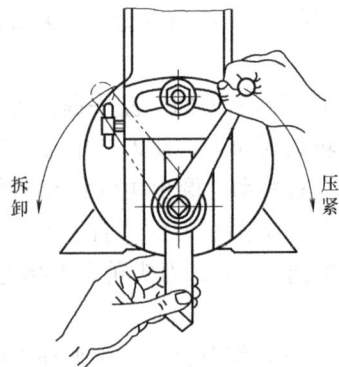

图4-6　装卸刨刀的方法

3. 工件的安装

在刨床上零件的安装方法视零件的形状和尺寸而定。常用的安装方法有平口钳安装、工作台安装和专用夹具安装等。装夹零件方法与铣削时相同，可参照铣床中零件的安装方法。

技能训练

练习一　手动或机动刨平面

1. 零件图

在 B6050 型牛头刨床上手动或机动刨削图 4-7 所示零件的上平面。

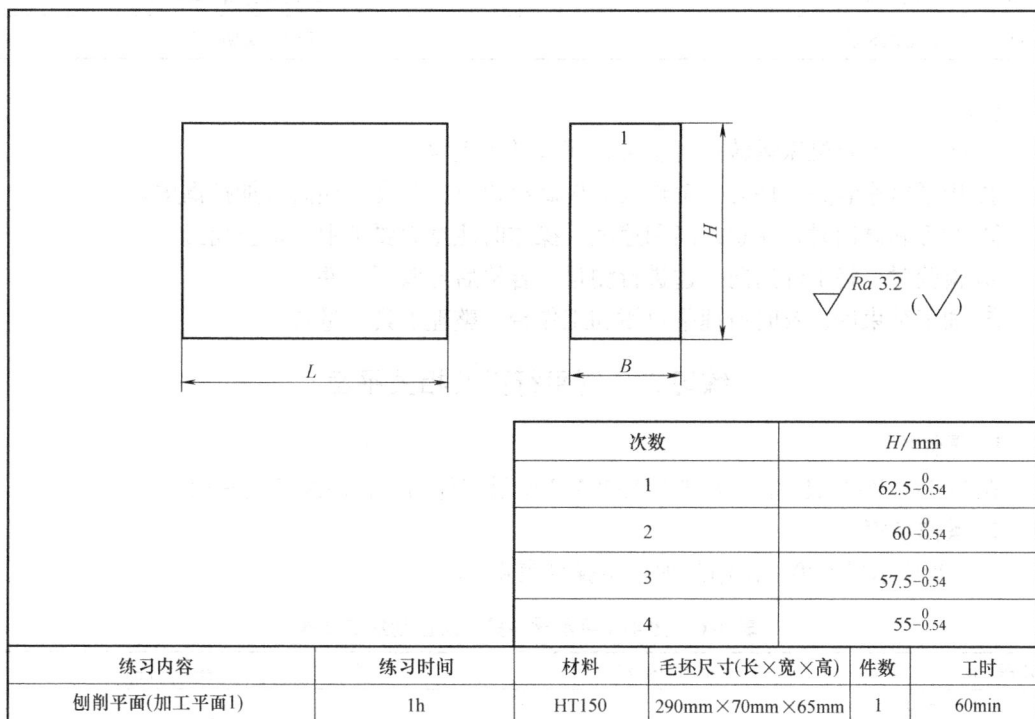

次数	H/mm
1	$62.5_{-0.54}^{0}$
2	$60_{-0.54}^{0}$
3	$57.5_{-0.54}^{0}$
4	$55_{-0.54}^{0}$

练习内容	练习时间	材料	毛坯尺寸(长×宽×高)	件数	工时
刨削平面(加工平面1)	1h	HT150	290mm×70mm×65mm	1	60min

图 4-7　刨削平面

2. 操作步骤

图 4-7 所示零件的刨削加工操作步骤见表 4-5。

表 4-5　刨削平面的操作步骤

步骤	操 作 内 容	备　注
1	检查毛坯尺寸	
2	划线	
3	装夹工件	
4	选择刨刀并安装刨刀	
5	调整滑枕的行程长度和起始位置	滑枕的行程长度应比刨削表面的长度长 30~40mm

（续）

步骤	操 作 内 容	备 注
6	合理选择粗刨切削用量	$a_p = 2mm$，$v_f = 0.67mm$/双行程，$v_c = 24m/min$
7	调整工作台的高度，对刀	使刀尖轻微接触零件表面
8	试刨，先手动试刨。进给 1~1.5mm 后停车，测量尺寸，调整 a_p，再自动进给刨削平面1	粗刨平面1，留 0.5mm 的精加工余量
9	换刀，重新选择切削用量	$a_p = 0.5mm$，$v_f = 0.33mm$/双行程，$v_c = 32m/min$
10	精刨平面1	保证 $H_{-0.54}^{0}$，$Ra3.2$
11	去毛刺检验	安全、文明生产

[注意]

① 操作前检查机床运转是否正常，润滑是否正常。

② 用平口钳装夹工件时，工件表面应高出钳口，装夹毛坯面时加护铜皮。

③ 对刀和试刨时，注意距离和速度。操作时注意力要集中，防止崩刃。

④ 检验时，将工件摇向一边进行测量，合格后再取下工件。

⑤ 加工结束后，及时清理平口钳和工作台，整理工具、量具。

练习二　刨平行面及相关平面

1. 零件图

在 B6050 型牛头刨床上刨削加工图 4-8 所示零件的平行面及相关平面。

2. 操作步骤

图 4-8 所示零件第一次刨削加工步骤见表 4-6。

表 4-6　图 4-8 所示零件第一次刨削加工步骤

步骤	操 作 内 容	备 注
1	划线	选择定位基准
2	装夹工件	
3	调整机床，选择切削用量	
4	对刀试切	
5	手动或机动进给，粗刨平面2，B 为 68	选择刀具
6	换刀，重新选择切削用量	
7	精刨平面2，使 B 值为 $67.5_{-0.54}^{0}$	对刀操作
8	重新装夹工件	
9	对刀试切	试切操作
10	粗、精刨平面3，保证 B 值为 $65_{-0.54}^{0}$	
11	再装夹工件	保证几何公差
12	对刀试切	
13	粗、精刨平面4，使 H 值为 $52.5_{-0.54}^{0}$	保证表面粗糙度
14	去毛刺，检验	

次数	B/mm	H/mm
1	$65_{-0.54}^{0}$	$52.5_{-0.54}^{0}$
2	$60_{-0.54}^{0}$	$50_{-0.54}^{0}$
3	$55_{-0.54}^{0}$	$47.5_{-0.54}^{0}$
4	$50_{-0.54}^{0}$	$45_{-0.54}^{0}$

练习内容	练习时间	材料	毛坯尺寸	件数	工时
刨削平行面及相关平面	1h	HT150	图4-7中加工后的工件	1	120min

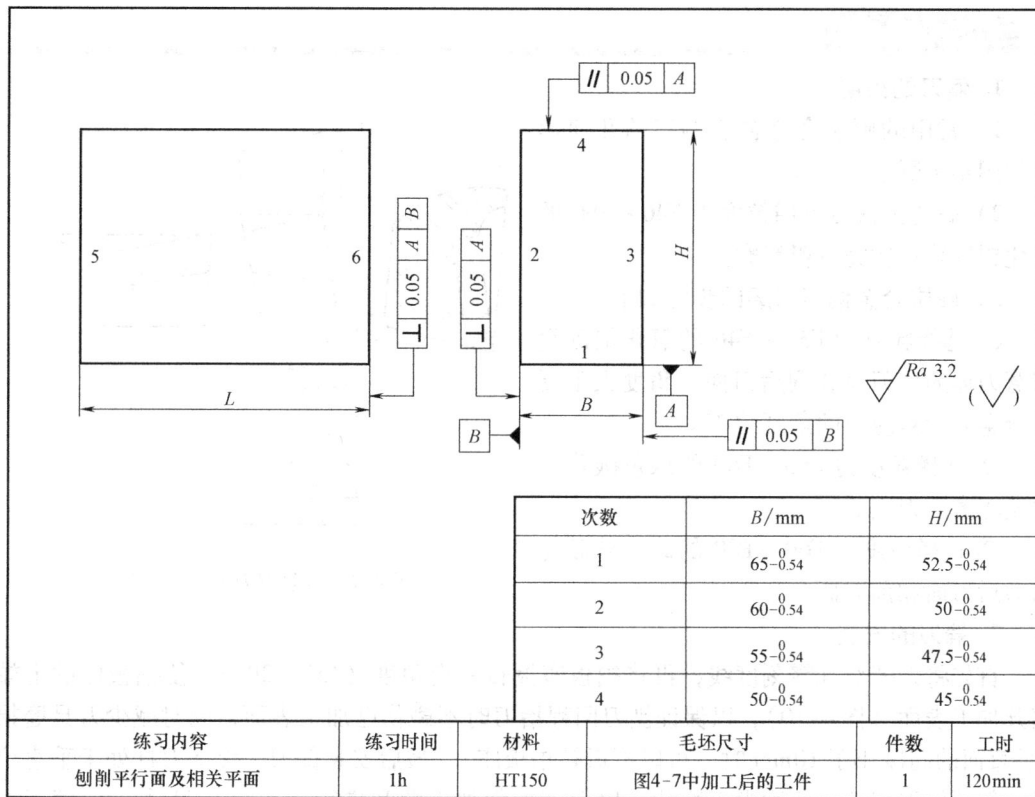

图4-8 刨削平行面及相关平面

[注意]

① 用工件侧面定位时，用圆棒夹紧工件后，再用锤子敲击工件，以保证工件与固定钳口贴紧。

② 用工件底面定位时，保证底面与垫铁贴实。

③ 对刀和试切时，注意距离和速度，防止产生过切现象。

课题四 刨垂直面

学习目标

① 掌握偏刀刃磨和安装的方法。

② 进一步熟悉合理选用切削用量和划线的技巧。

③ 掌握用平口钳装夹工件刨削垂直面的方法。

④ 掌握刨削垂直面的步骤及检测方法。

知识学习

1. 偏刀的刃磨

1）常用的硬质合金台阶偏刀的几何形状如图4-9所示。

2）高速钢偏刀可用粒度为 F46～F60 的氧化铝砂轮一次完成粗精磨。

3）硬质合金偏刀刃磨的步骤如下。

① 选择粒度为 F36～F46 的氧化铝砂轮刃磨刀体的后刀面和副后刀面，角度大于硬质合金刀片对应角的角度约2°。

② 选择粒度为 F46～F60 的绿色碳化硅砂轮粗磨后刀面。

③ 选择粒度为 F60～F80 的碳化硅砂轮精磨后刀面和前刀面。

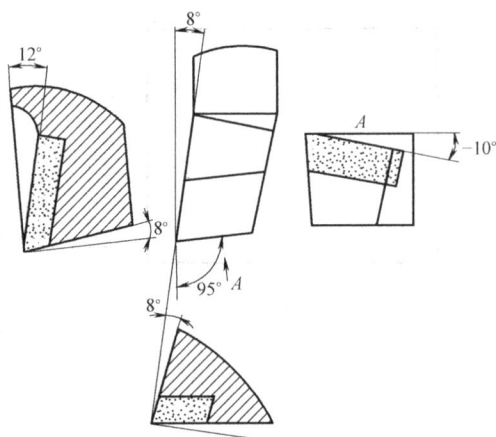

图4-9 台阶偏刀的几何形状

2. 偏刀的安装

首先将刀架对准零刻度线，再将拍板座扳转一定角度（15°～20°），使拍板座的上端离开加工表面（图4-10），以保证刨刀回程抬刀时不碰伤已加工表面，同时减少刀具磨损（垂直面的高度小于10mm 时，可以不扳转拍板座）。最后安装偏刀，保证刀杆处于垂直位置，保证偏刀安装后角度没有变化，以保证切削加工顺利进行，如图4-11所示。偏刀的伸出长度一般大于垂直面的高度或台阶的深度15～20mm，以保证刀架与工件不相碰。

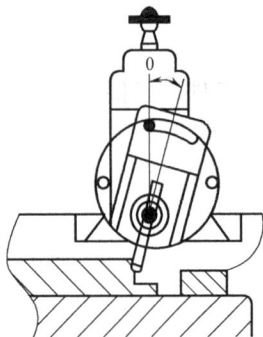

图4-10 拍板座偏转方向

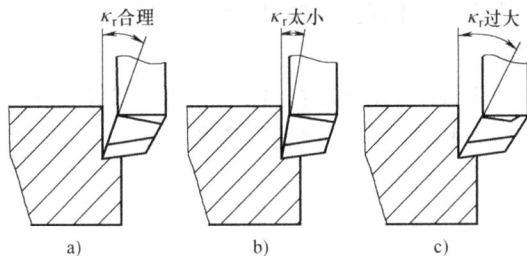

图4-11 偏刀安装

[注意]

① 磨刀时要遵守操作规程和安全要求。当垂直面高度不超过10mm 时，可以不扳转拍板座。

② 同一把刀具，粗刨时可偏转较大角度，而精刨时偏转角度要小，或者在副切削刃处磨出修光刃。

③ 安装精刨刀时用透光法检查后夹紧。夹紧后必须复查，以保证修光刃与垂直面平行。

技能训练

1. 零件图

在 B6050 型牛头刨床上，刨削图4-12所示零件中的与基准平面 A 及 B 垂直的平面6。

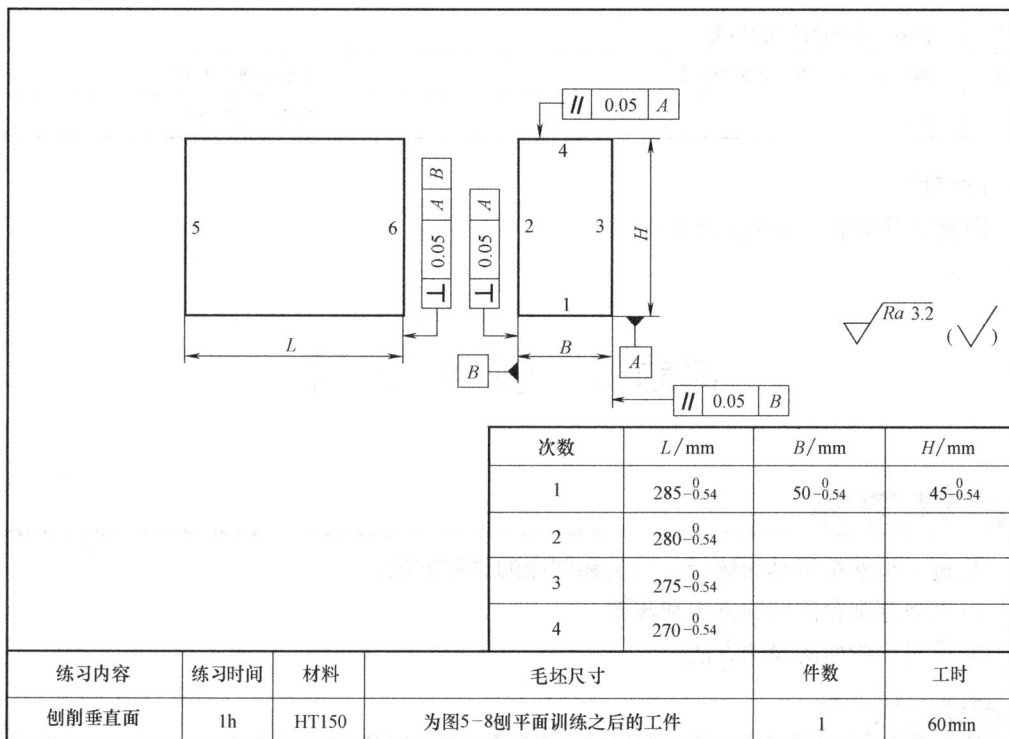

次数	L/mm	B/mm	H/mm
1	$285_{-0.54}^{0}$	$50_{-0.54}^{0}$	$45_{-0.54}^{0}$
2	$280_{-0.54}^{0}$		
3	$275_{-0.54}^{0}$		
4	$270_{-0.54}^{0}$		

练习内容	练习时间	材料	毛坯尺寸	件数	工时
刨削垂直面	1h	HT150	为图5-8刨平面训练之后的工件	1	60min

图4-12 刨削垂直面

2. 操作步骤及质量检测

图4-12所示零件的平面6的第一次刨削步骤见表4-7。

表4-7 图4-12所示零件平面6的第一次刨削步骤

步骤	操作内容	备注
1	划线	选择定位基准
2	装夹工件	
3	安装偏刀	对刀操作
4	调整机床	正确选择刀具和切削用量
5	选择切削用量	
6	对刀试切	试切操作
7	手动或机动进给，粗刨垂直面6，使 L 值为288	
8	换刀，重新选择切削用量	选择刀具
9	精刨垂直面6，使 L 值为 $287.5_{-0.54}^{0}$	刀具安装的操作过程
10	检验	

（续）

步骤	操 作 内 容	备　注
11	重新装夹工件	划线操作
12	粗刨平面6，使 L 值为285.5	保证几何公差
13	换刀，重新选择切削用量	
14	精刨平面6，使 L 值为 $285_{-0.54}^{\ 0}$	保证表面粗糙度
15	检验	安全、文明生产

[注意]

同刨平面及平行面的注意事项。

课题五　刨台阶面

学习目标

① 进一步熟悉刀具的选择、安装和刨床的调整方法。

② 掌握刨削台阶面的方法和步骤。

③ 掌握台阶面的检测方法。

知识学习

刨台阶面的方法是刨水平面和刨垂直面两种方法的组合。如图4-13所示，为用偏刀精刨台阶面的进刀方法。除此之外，还可以用切刀来精刨。

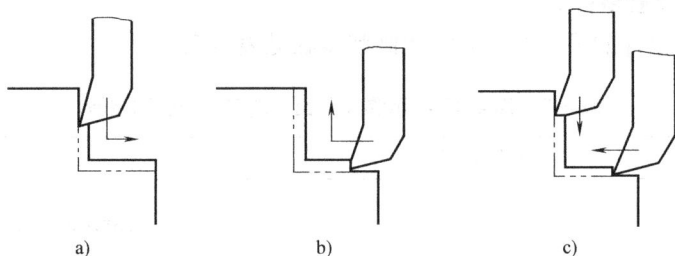

a) b) c)

图4-13　用偏刀精刨台阶面的进刀方法

a) 垂直面—水平面连续刨削　b) 水平面—垂直面连续刨削　c) 垂直面—水平面分别刨削

技能训练

练习　刨台阶面

1. 零件图

运用刨削平行面及垂直面的知识技巧，刨削图4-14所示零件的台阶面。

次数	L/mm	L_1/mm	B/mm	H/mm	H_1/mm
1	$70_{-0.10}^{0}$	$31_{-0.07}^{0}$	$55_{-0.10}^{0}$	$60_{-0.10}^{0}$	$10_{0}^{+0.15}$
2	$65_{-0.10}^{0}$	$26_{-0.07}^{0}$	$50_{-0.10}^{0}$	$55_{-0.10}^{0}$	$13_{0}^{+0.15}$
3	$60_{-0.10}^{0}$	$21_{-0.07}^{0}$	$45_{-0.10}^{0}$	$50_{-0.10}^{0}$	$16_{0}^{+0.15}$
4	$55_{-0.10}^{0}$	$16_{-0.07}^{0}$	$40_{-0.10}^{0}$	$45_{-0.10}^{0}$	$19_{0}^{+0.15}$

练习内容	练习时间	材料	毛坯尺寸(长×宽×高)		件数	工时
刨削台阶面	3.5h	HT150	75mm×60mm×65mm		1	210min

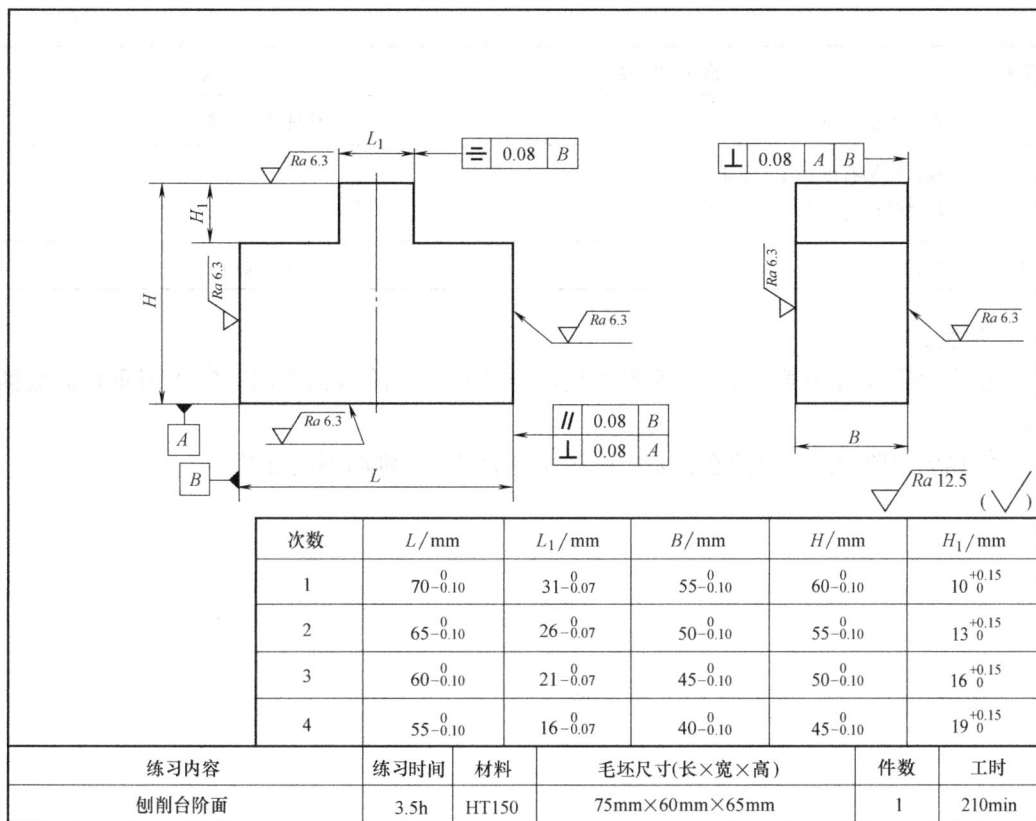

图 4-14 刨削台阶面

2. 操作步骤

第一次刨削图 4-14 所示零件的台阶面的操作步骤见表 4-8。

表 4-8 第一次刨削台阶面的步骤及质量检测

步骤	操 作 内 容	备 注
1	安装刀具，调整机床，装夹工件，对刀试切	
2	采用平面加工方法粗精刨五个关联平面，使各尺寸达到：B 为 $55_{-0.10}^{0}$，L 为 $70_{-0.10}^{0}$，H 为 $62.5_{-0.10}^{0}$	
3	划出台阶线	
4	以底面为基准装夹工件，找正	
5	刨削顶面，使尺寸 H 为 $60_{-0.10}^{0}$	
6	换右偏刀，粗刨左台阶，留 1mm 精刨余量	
7	换左偏刀，粗刨右台阶，留 1mm 精刨余量	
8	检验台阶面	
9	换刀，重新选择切削用量	保证表面粗糙度

（续）

步骤	操 作 内 容	备 注
10	精刨左台阶面	保证几何公差
11	换刀精刨右台阶面，保证尺寸： L_1 为 $31_{-0.07}^{0}$，H_1 为 $10_{0}^{+0.15}$	
12	检验	安全、文明生产

[注意]

① 当台阶浅而宽时，宜采用水平面刨削方法；当台阶深而窄时，宜采用垂直面刨削方法。

② 精刨台阶面时，要注意台阶内连接面要清根。粗刨削不能过量。

模块五 磨工实训

课题一 外圆磨床的操作与保养

学习目标

① 进一步认识外圆磨床。
② 掌握外圆磨床的操作方法。
③ 掌握外圆磨床的润滑与保养要求。

知识学习

1. M1432A 万能外圆磨床的外形及操作系统（图 5-1）

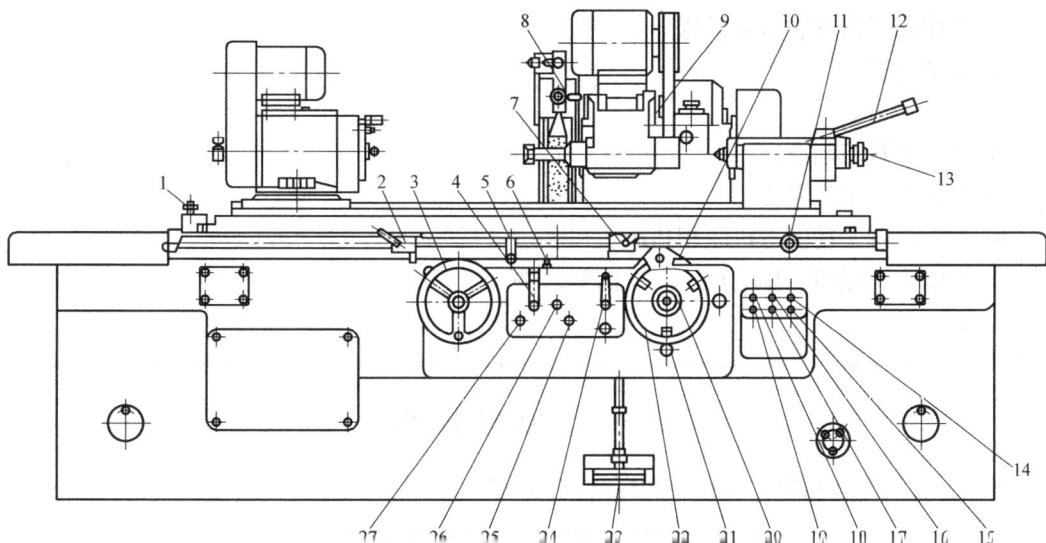

图 5-1 M1432A 万能外圆磨床的外形及操作系统图

1—放气阀 2—工作台换向挡块（左） 3—工作台纵向进给手轮 4—工作台液压传动开停手柄 5—工作台换向杠杆 6—头架点转按钮 7—工作台换向挡块（右） 8—切削液开关手把 9—内圆磨具支架非工作位置定位手柄 10—砂轮架横向进给定位块 11—调整工作台角度用螺杆 12—移动尾架套筒用手柄 13—工件顶紧压力调节捏手 14—砂轮电动机停止按钮 15—冷却泵电动机开停选择旋钮 16—砂轮电动机起动按钮 17—头架电动机停、慢转、快转选择旋钮 18—电器总停按钮 19—液压泵起动按钮 20—砂轮磨损补偿旋钮 21—粗细进给选择拉杆 22—砂轮架横向进给手轮 23—脚踏板 24—砂轮架快速进退手柄 25—工作台换向停留时间调节旋钮（右） 26—工作台速度调节旋钮 27—工作台换向停留时间调节旋钮（左）

2. 磨床的润滑及保养

（1）M1432A 万能外圆磨床的润滑

1）M1432A 万能外圆磨床的润滑如图 5-2 所示。

2）润滑要求。

① 部位 1 为床身油池，半年更换一次液压油。

② 部位 2 为内圆磨具滚动轴承，每 500h 更换一次锂基润滑脂。

③ 部位 3 为砂轮架油池，每三个月更换一次 N2 精密机床主轴油。

④ 部位 4 为尾座套筒注油孔，每班加注一次全损耗系统用油。

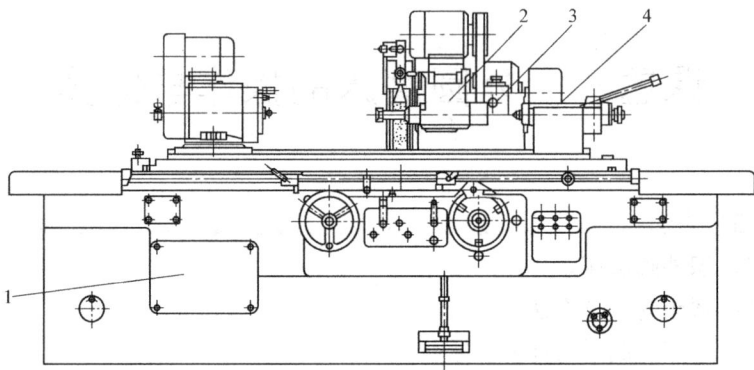

图 5-2　M1432A 万能外圆磨床润滑图

（2）M1432A 万能外圆磨床日常保养

① 工作前后清理、检查机床。

② 涂油防锈。

③ 人工润滑。

④ 定期更换切削液。

⑤ 控制磨床工作温度。

⑥ 使工件加工精度与机床相适应。

⑦ 操作中不碰撞、拉毛机床工作面和部件。

技能训练

练习一　停车操作

M1432A 万能外圆磨床的停车操作步骤见表 5-1。

表 5-1　M1432A 万能外圆磨床的停车操作步骤

步骤		操作内容	备注
1	手动工作台纵向往复运动	1）顺时针转动纵向进给手轮3，工作台向右移动	手轮每转一周，工作台移动6mm
		2）逆时针转动纵向进给手轮3，工作台向左移动	
		3）调整工作台挡块2、7的位置，以调整工作台工作行程	

(续)

步骤		操 作 内 容	备 注
2	手动砂轮架横向进给移动	1）顺时针转动砂轮架横向进给手轮22，砂轮架带动砂轮移向工件	
		2）逆时针转动砂轮架横向进给手轮22，砂轮架向后退回远离工件	
3	砂轮架粗细进给调整	1）推进拉杆21时为粗进给，即手轮22每转过一周时砂轮架移动2mm，每转过一小格时砂轮移动0.01mm	
		2）拉杆21拔出时为细进给，即手轮22每转过一周时砂轮架移动0.5mm，每转过一个小格时砂轮架移动0.0025mm	

练习二 开车操作

M1432A万能外圆磨床开车操作步骤见表5-2。

表5-2 M1432A万能外圆磨床开车操作步骤

步骤		操 作 内 容
1	砂轮的转动和停止	1）砂轮旋转。按下砂轮电动机起动按钮16
		2）砂轮停止转动。按下砂轮电动机停止按钮14
2	头架主轴的转动和停止	1）头架主轴慢转。转动头架电动机旋钮17，使其处于慢转位置
		2）头架主轴快转。转动头架电动机旋钮17，使其处于快转位置
		3）头架主轴停止。转动头架电动机旋钮17，使其处于停止位置
3	工作台往复运动	1）液压泵起动。按下液压泵起动按钮19，液压泵起动向液压系统供油
		2）工作台纵向移动。将工作台液压传动开停手柄4置于开位置
		3）调整工作台行程长度。调整挡块2与7的位置，调整工作台的行程
		4）改变工作台的运行速度。转动旋钮26，改变工作台的运行速度
		5）改变工作台行至右或左端时的停留时间。转动旋钮25或27，调整工作台行至右或左端时的停留时间
4	砂轮架横向快退与快进	转动砂轮架快速进退手柄24，压紧行程开关使液压泵起动，同时改变换向阀阀芯的位置，使砂轮架横向快速移近工件或快速远离工件
5	尾座顶尖的运动	1）尾座顶尖缩进。脚踩脚踏板23，使尾座顶尖缩进
		2）尾座顶尖伸出。脚松开脚踏板23，使尾座顶尖伸出

[注意]
① 砂轮起动2min后才能进行磨削。
② 手动操作时双手动作要自然。
③ 调整行程时要认真仔细，并紧固挡块以免发生事故。
④ 尾座操作一定要在砂轮架退出、头架主轴停止后进行。

课题二 砂轮的安装、平衡与修整

学习目标

① 熟悉砂轮安装的方法，学会正确安装砂轮。
② 熟悉砂轮平衡的方法，学会进行平衡砂轮操作。
③ 熟悉砂轮修整的方法，掌握修整砂轮的基本技能。

技能训练

练习一 安装砂轮

1）砂轮的安装方法如图5-3所示。

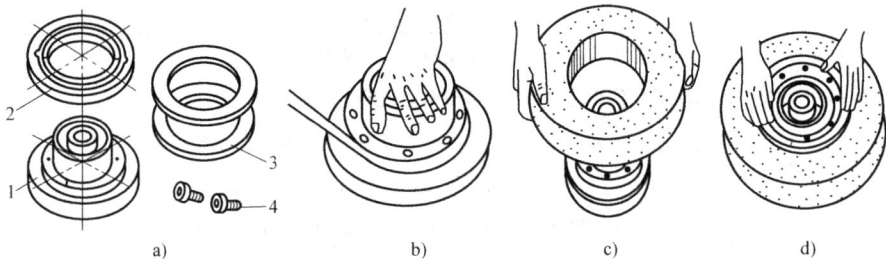

a)　　　　b)　　　　c)　　　　d)

图5-3 砂轮的安装方法

1—法兰底盘 2—法兰盘 3—衬垫 4—内六角螺钉

2）安装砂轮的操作步骤见表5-3。

表5-3 安装砂轮的操作步骤

步骤	操作内容	备注
1	检查砂轮是否有裂纹。一手托住砂轮，另一手拿锤子轻轻敲击。如发出嘶哑声则表明有裂纹，不能安装；若发出清脆的声音，表明无裂纹，可以安装使用	敲击法
2	用法兰盘安装砂轮，先将一块衬垫放入法兰底盘支承面	图5-3a、b
3	将砂轮放入法兰底盘支承面的衬垫上	图5-3c
4	再将一块衬垫放在砂轮上平面，装上法兰盘	图5-3d
5	按对角顺序逐步上紧内六角螺钉	
6	安装好以后，校正砂轮平衡	

[注意]

① 砂轮与法兰底盘轴径之间应有0.1～0.2mm的配合间隙。安装时不要太紧，也不能

太松。

② 如间隙太小，配合过紧装不下砂轮时，可用刮刀均匀地修刮砂轮内孔，一直刮到刚好能装入为止。

③ 如间隙太大，配合过松，则在法兰底盘轴径处垫上一层纸片作为衬垫，以减小安装偏心。如间隙相差太大，则需重新选择配对。

练 习 二 平 衡 砂 轮

1）砂轮静平衡的操作步骤如图 5-4 所示。

新的砂轮安装好以后要校正平衡，以使砂轮的重心与旋转中心重合、抵消砂轮离心力，以使砂轮在高转速下不会产生振动，从而保证磨削质量。

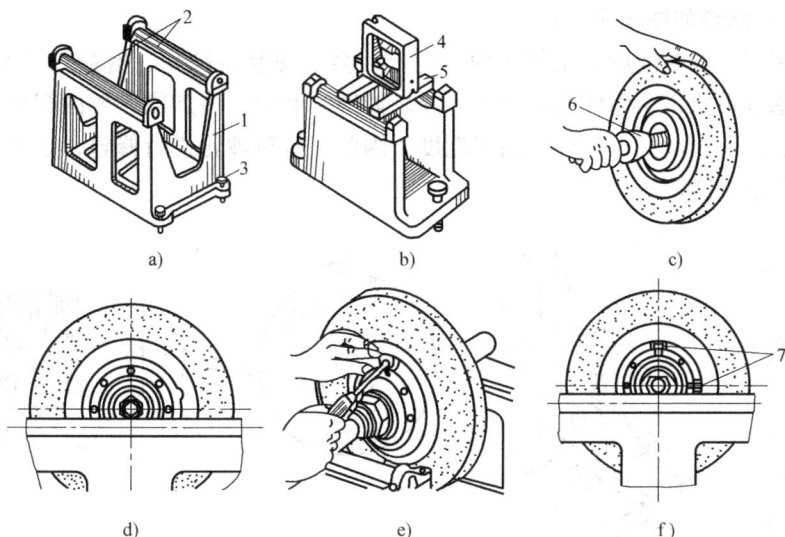

图 5-4 砂轮静平衡的操作步骤

1—平衡架 2—平衡架导柱 3—螺钉 4—水平仪 5—垫块 6—平衡心轴 7—平衡块

2）砂轮静平衡的操作步骤见表 5-4。

表 5-4 砂轮静平衡的操作步骤

步骤	操 作 内 容	备 注
1	先调整好平衡架，使它处于水平位置。具体做法是用水平仪调整平衡架的导柱，使水平仪气泡在中间位置	图 5-4a、b
2	安装平衡心轴至砂轮法兰底盘内，心轴的外锥面与砂轮法兰盘贴合时应至少有 80% 的接触面，然后上紧螺母	图 5-4c、d
3	将平衡心轴连同砂轮放在平衡架的导柱上，缓缓旋转砂轮。如不平衡，砂轮会来回摆动。待摆动停止，不平衡量应在砂轮下方，在下方所对应砂轮上方作一记号	
4	在对应的砂轮上方上第一块平衡块，并在其两侧装上两块平衡块	图 5-4e、f

（续）

步骤	操作内容	备注
5	再将作记号处转到水平位置。如平衡，它就不会转动；如不平衡，砂轮仍会摆动。按以上方法再调整，加平衡块，一直加到平衡为止。一般调整 8 个点砂轮就基本平衡了	图 5-4f
6	平衡后，紧固各平衡块螺钉，从平衡架上抬下砂轮，拆下平衡心轴。平衡结束后，可把砂轮装上机床使用	新砂轮经修整后还要进行一次平衡

练习三　修整砂轮

1）砂轮的修整如图 5-5 所示。

砂轮使用了一段时间后，工作表面会钝化，会出现磨粒钝化、磨粒急剧不均匀脱落、砂轮粘嵌堵塞等现象，从而使磨削效率下降。如继续磨削，将加剧砂轮的损坏，会使工件产生振动波纹，反而增大了工件表面粗糙度。因此，应对砂轮进行修整，重新车削砂轮表面，恢复其磨削性能。

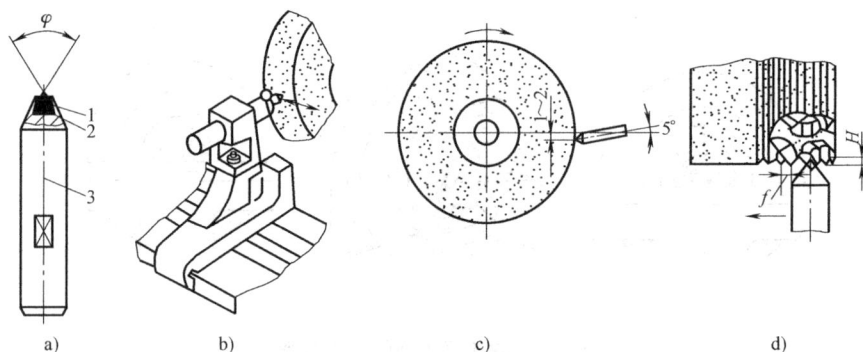

图 5-5　砂轮的修整
1—金刚石　2—焊料　3—刀杆

2）砂轮修整的操作步骤见表 5-5。

表 5-5　砂轮修整的操作步骤

步骤	操作内容	备注
1	采用金刚钻来车削砂轮表面，先选择颗粒大一点的金刚钻镶焊在特制刀杆顶端，然后将金刚钻尖角磨成 70°～80°	图 5-5a
2	将刀杆安装在修整座上，安装的角度为 5°～10°，使其高度低于砂轮中心 1～2mm。安装要牢固，要使金刚钻的尖角对准砂轮，保持极小接触面	图 5-5b、c
3	开动机床，砂轮旋转，打开切削液，冷却金刚钻钻头，调整背吃刀量	图 5-5d

（续）

步骤	操 作 内 容	备　注
4	根据加工要求选择修整量	粗磨：$a_p = 0.01 \sim 0.03$ mm，$v_f = 0.4$ m/min 精磨：$a_p = 0.005 \sim 0.01$ mm，$v_f = 0.2 \sim 0.8$ m/min
5	修整层厚度为 0.1mm 时，停机，砂轮即可恢复磨削性能	
6	对修整的砂轮校正平衡	

课题三　磨削外圆柱面

学习目标

① 掌握用双顶尖装夹工件的正确操作方法。
② 掌握外圆面磨削的方法及特点。
③ 掌握外圆柱面磨削用量的选择、砂轮的选用。
④ 掌握外圆磨削时尺寸的测量方法。

知识学习

1. 工件的装夹

常用双顶尖装夹工件，如图 5-6a 所示。该方法的特点是：装夹方便、定位精度高。装夹时，利用工件两端中心孔的锥面使工件被支承在前、后顶尖的锥面上，从而形成工件的旋转轴线。工件由头架的拨盘和拨杆带动的鸡心夹头（图 5-6b）带动旋转。

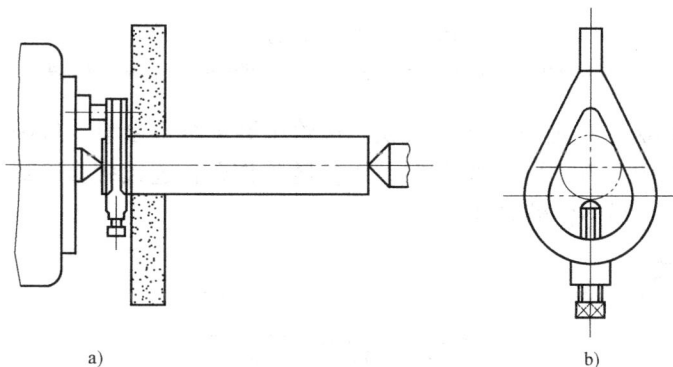

a)　　　　　　　　　　　　　　　b)

图 5-6　双顶尖装夹工件
a）用双顶尖装夹工件　b）鸡心夹头

此外，还有用卡盘、心轴及卡盘、顶尖装夹工件的方法。

2. 外圆磨削方法

外圆磨削的方法有纵向磨削法、切入磨削法、分段磨削法和深度磨削法等。

（1）纵向磨削法　磨削时，主运动是砂轮的高速旋转运动，进给运动是工件转动（圆周进给运动）、工作台移动（纵向进给运动），如图5-7a所示。此方法可磨削较长的工件表面，且磨削质量较高，适用于精磨及单件小批量生产。

（2）切入磨削法（横向磨削法）　磨削时，工件只作旋转运动，工作台不作纵向往复移动，砂轮在高速旋转的同时，还作连续缓慢的横向移动，如图5-7b所示。此方法生产效率很高，但磨削精度较低，适用于磨削表面精度要求不高、刚性好、磨削表面较短（小于砂轮宽度）的工件和成形磨削。

（3）分段磨削法　此方法是先在工件全长上分段进行切入磨削，并留有精磨余量0.02~0.04mm，然后再用纵向磨削法精磨，如图5-7c所示。分段磨削法生产效率高、磨削质量好、应用较广。

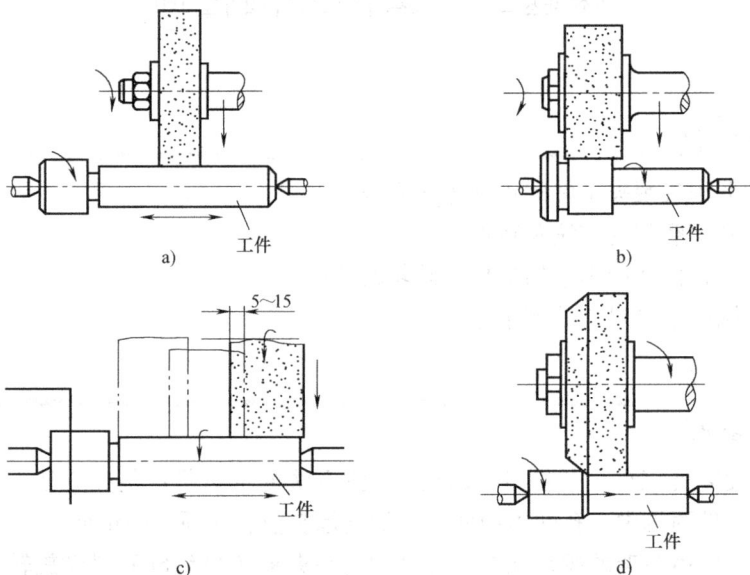

图5-7　外圆磨削方法

a）纵向磨削法　b）切入磨削法　c）分段磨削法　d）深度磨削法

（4）深度磨削法　这是一种在一次纵向进给中磨去全部余量（0.02~0.3mm）的高效率磨削方法，如图5-7d所示。磨削时，工件随工作台作连续缓慢的纵向进给，砂轮架磨削过程中一次切入后不作横向进给。

技能训练

练习　磨削外圆柱面

1. 零件图

在M1432A万能外圆磨床上磨削图5-8所示零件的外圆柱面。

2. 操作步骤

图5-8所示零件磨削加工的步骤见表5-6。

次数	D/mm
1	$51.5_{-0.016}^{0}$
2	$51_{-0.016}^{0}$
3	$50.5_{-0.016}^{0}$
4	$50_{-0.016}^{0}$

练习内容	练习时间	材料	毛坯尺寸(直径×长度)	件数	工时
磨削外圆柱面	4h	45	$\phi52mm×180mm$	1	240min

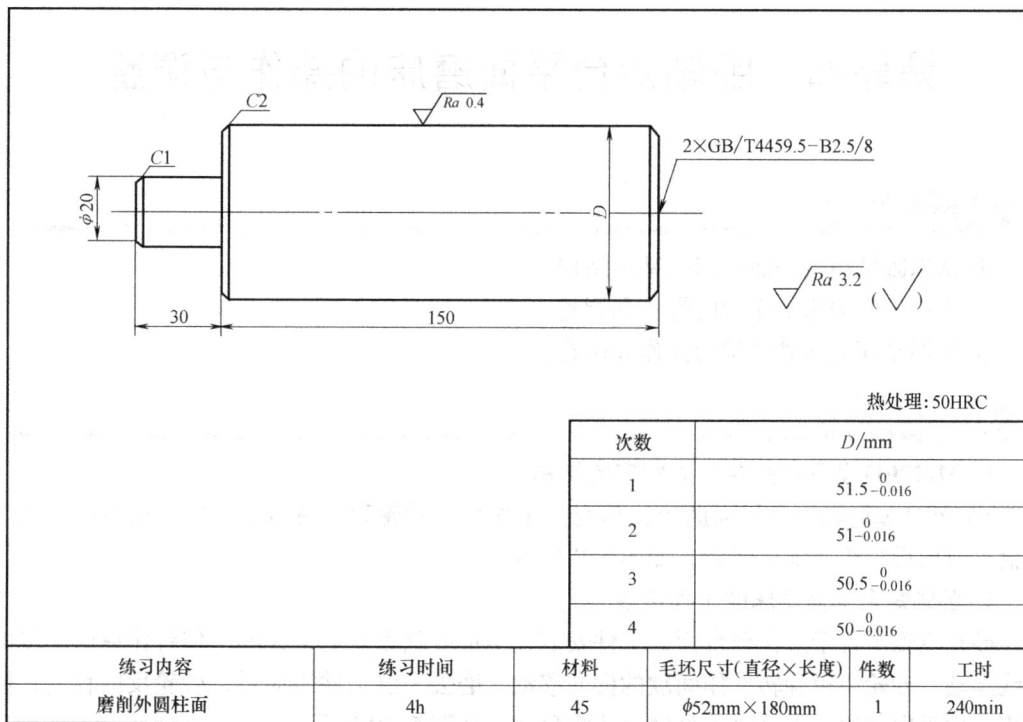

图 5-8 磨削外圆柱面

表 5-6 外圆柱面磨削的步骤

步骤	操 作 内 容	备 注
1	检查毛坯尺寸	
2	用双顶尖装夹工件	
3	开动磨床,使砂轮和工件旋转,将砂轮慢慢靠近工件的外圆。打开切削液,调整磨削背吃刀量,使工作台纵向进给,进行一次试磨	砂轮的磨削速度取 35m/s,工件的圆周进给速度取 20m/s
4	测量工件尺寸,调整横向进给量,用纵向磨削法进行粗磨	$a_p = 0.025$ mm, $f = 0.4$mm/r
5	测量工件尺寸,调整横向进给量,用纵向磨削法进行精磨	$a_p = 0.01$ mm, $f = 0.6$mm/r
6	精磨到尺寸后停止横向进给,继续纵向磨削一到二次,关切削液,停机	
7	检查工件尺寸及表面质量,合格后卸下工件	

[注意]

① 操作前先检查机床运转得是否正常,磨床空运转一段时间后再进行操作。

② 磨削时,正确选择磨削用量。

③ 磨削时,要注意中心孔的保护和及时修研。

④ 操作时,集中精力,以避免因粗心而出现事故。

⑤ 磨削结束无火花时,还要光磨二至三次。

⑥ 养成良好的生产习惯。

课题四　卧轴矩台平面磨床的操作与调整

学习目标

① 认识卧轴矩台平面磨床的基本结构。
② 掌握平面磨床工作台的操作和调整。
③ 掌握平面磨床砂轮架的操作和调整。

知识学习

1. M7120D 型卧轴矩台平面磨床的结构

M7120D 型卧轴矩台平面磨床由床身、工作台、砂轮架、滑板、立柱、电器箱、电磁吸盘、液压操纵箱等部件组成，如图 5-9 所示。

2. 卧轴矩台平面磨床的工作特性

砂轮主轴平行于工作台台面，工件安装在矩形电磁吸盘上，并随工作台作纵向往复的直线运动。砂轮高速旋转并作间歇的横向移动。磨去一层工件表面后，砂轮反向移动，同时作一次垂向进给，直至将工件磨至所需尺寸，如图 5-10 所示。

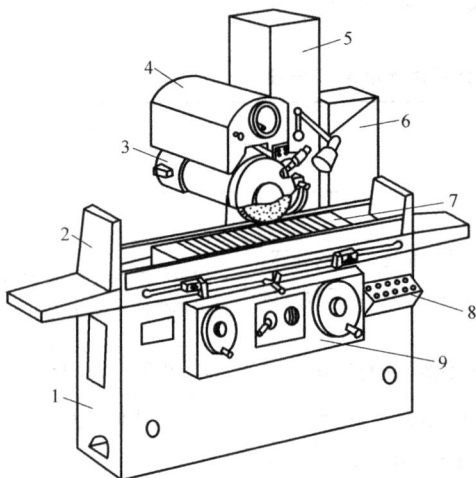

图 5-9　M7120D 型卧轴矩台平面磨床

1—床身　2—工作台　3—砂轮架　4—滑板　5—立柱
6—电器箱　7—电磁吸盘　8—电器按钮板　9—液压操纵箱

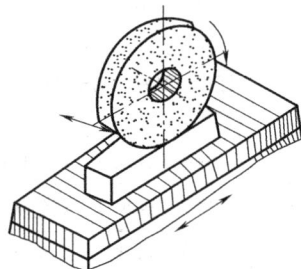

图 5-10　平面磨削运动

技能训练

练习　M7120D 型卧轴矩台平面磨床的操作与调整

M7120D 型卧轴矩台平面磨床的操作示意图如图 5-11 所示，其操作与调整步骤见表 5-7。

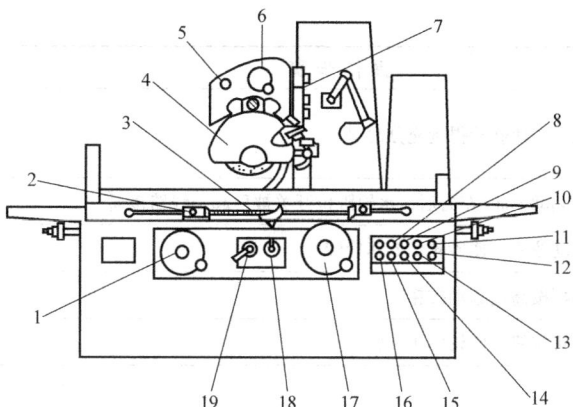

图 5-11 M7120D 型卧轴矩台平面磨床操纵示意图

1—工作台手动进给手轮 2—挡块 3—工作台换向手柄 4—砂轮架 5—砂轮架换向手柄 6—砂轮架横向手动进给手柄 7—砂轮架润滑按钮 8—砂轮低速起动按钮 9—砂轮停止按钮 10—砂轮高速起动按钮 11—切削液开关 12—电磁吸盘工作状态选择开关 13—砂轮架自动下降按钮 14—砂轮架自动上升按钮 15—液压泵起动按钮 16—总停按钮 17—垂直进给手轮 18—砂轮架液动进给旋钮 19—工作台起动调速手柄

表 5-7 M7120D 型卧轴矩台平面磨床的操作与调整步骤

操作项目		操作步骤	备 注
1. 工作台	液压操纵	1) 按动液压泵起动按钮 15,起动液压泵	
		2) 调整工作台行程挡块 2 于两极限位置	
		3) 顺时针扳动工作台起动调速手柄 19,使工作台由慢到快直线往复运动	在液压泵工作 3min 后
		4) 扳动工作台换向手柄 3,使工作台往复换向 2~3 次,检查动作是否正常,使工作台自动换向运动	
	手动	1) 逆时针扳动工作台起动调速手柄 19,使工作台由快到慢直线往复运动	
		2) 顺时针摇动工作台手动进给手轮 1,工作台向右移动。反之,工作台向左移动	
2. 砂轮架		1) 横向液动进给。向左转动砂轮架液动进给旋钮 18,使砂轮架从慢到快作连续进给;向右转动砂轮架液动进给旋钮,使砂轮在工作台纵向运动换向时作横向断续运动	调整挡块,使砂轮架作横向全程往复运动
		2) 横向手动进给。将砂轮架液动进给旋钮 18 置于中间停止位置,然后手摇砂轮架横向手动进给手柄 6	砂轮架手轮横向进给量为 0.01mm/格
		3) 垂直自动进给。向外拉出垂直进给手轮 17,按动砂轮架自动上升按钮 14,砂轮架垂直上升,按动砂轮架自动下降按钮 13,砂轮架垂直下降	垂直进给时,进给量为 0.005mm/格,手动时手轮顺时针转动一圈,下降 1mm
		4) 垂直手动进给。向里推紧垂直进给手轮 17,摇动垂直进给手轮 17,砂轮架垂直上下移动	

（续）

操作项目	操作步骤	备 注
3. 砂轮起动与停止	1）起动液压泵，使砂轮得到充分润滑	水银限位开关延时保证
	2）在润滑泵起动3min左右后，水银限位开关被顶起，线路接通	
	3）按砂轮起动按钮，使砂轮作低速旋转	
	4）正常后，再按高速起动按钮	
	5）按砂轮停止按钮，砂轮停止旋转	

[注意]

① 起动机床前应检查机床是否正常。

② 砂轮架在工作前应先进行润滑（每班两次）。

③ 砂轮架在自动下降时，应防止因惯性而使砂轮撞到工件。

④ 机床靠液动操作时，手动操作应脱开。

课题五 磨削六面体

学习目标

① 了解平面磨削的方式与应用特点。

② 熟悉平面磨削方法及工件在平面磨床上的安装调整。

③ 进一步熟悉平面磨床的操作。

④ 掌握在平面磨床上磨削平行面及垂直面的加工方法及步骤。

⑤ 掌握量具的正确使用和测量方法。

知识学习

1. 平面磨削的方式与应用特点（表5-8）

表5-8　平面磨削的方式与应用特点

磨削方式	说　明	图　解	应用特点
周边磨削	又称为圆周磨削，是用砂轮圆周面进行磨削的	砂轮 工件 电磁吸盘	1）冷却和排屑较好 2）砂轮与工件接触面积小，磨削力和磨削热小 3）适于精磨各种工件的平面 4）磨削时是间断进给运动，生产效率低

（续）

磨削方式	说　明	图　解	应用特点
端面磨削	用砂轮的端面进行磨削	砂轮 工件 电磁吸盘	1）砂轮主要承受轴心力。变形较小 2）砂轮与工件接触面积大，生产效率高，但磨削热较大 3）冷却与排屑不方便 4）适于磨削精度要求不高且形状简单的工件
周边+端面磨削	同时用砂轮的圆周和端面对工件进行磨削	砂轮 工件 电磁吸盘	1）砂轮圆周与端面同时与工件表面接触，磨削条件差，磨削热较大 2）砂轮磨削进给量不宜过大，生产效率不高 3）适于磨削台阶深度不大的工件

2. 平面磨削方法与工件的装夹

（1）平面的磨削方法　平面的磨削方法主要有横向磨削法、深度磨削法及台阶磨削法三种，如图5-12所示。横向磨削法适用于磨削长而宽的平面，深度磨削法适用于磨削面积大的平面和批量生产，台阶磨削法适用于磨削位置精度要求高的平面。

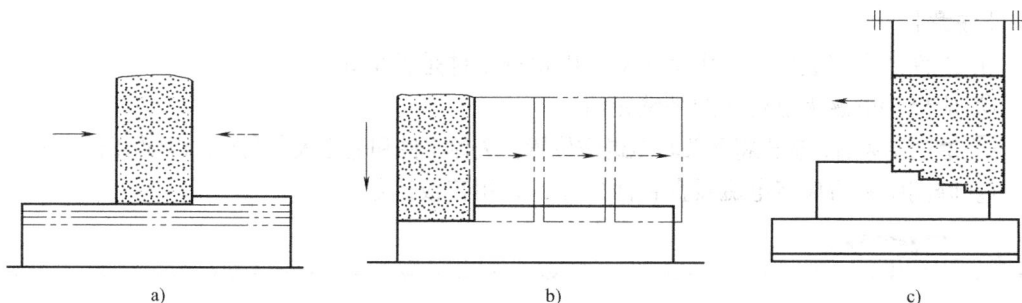

a)　　　　　　　　　　b)　　　　　　　　　　c)

图5-12　平面磨削方法

a）横向磨削法　b）深度磨削法　c）台阶磨削法

（2）平面磨削时工件的装夹　平面磨削时一般采用电磁吸盘紧固工件。

电磁吸盘是根据电磁原理制成的，它有矩形和圆形两种，如图5-13所示。使用电磁吸盘装夹工件有以下特点。

① 工件的装夹方便迅速。

② 工件的装夹稳固牢靠。

③ 能同时装夹多个工件。

④ 工件的定位基准面被均匀地吸紧在台面上，减小了工件的平行度误差。

（3）垂直面磨削时工件的装夹　垂直面是指成90°的相邻两

a)　　　　　　　　　　b)

图5-13　电磁吸盘

a）矩形电磁吸盘　b）圆形电磁吸盘

平面。工件装夹时要保证相邻两平面的垂直度要求。

1）用导磁直角铁装夹。当电磁吸盘通电后，工件的侧面就被吸在导磁直角铁的侧面上，如图5-14所示。这种方法适用于装夹比较狭长的工件。

2）用精密平口钳装夹。把平口钳放在电磁吸盘台面上，校正平口钳及装夹的工件后进行磨削，如图5-15所示。

3）用精密角铁装夹。把精密角铁放在电磁吸盘上，并使角铁垂直平面与工作台运动方向平行；把工件的已加工表面紧贴在角铁的垂直面上，用压板、螺钉和螺母稍微压紧，待校正后再紧固工件，如图5-16所示。

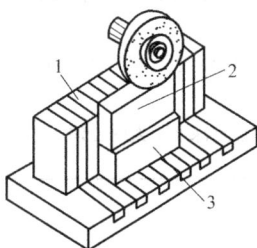

图5-14　用导磁直角铁装夹
1—导磁直角铁　2—工件　3—平行垫铁

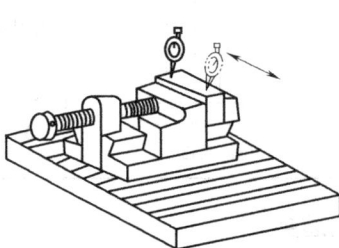

图5-15　用精密平口钳
装夹与找正

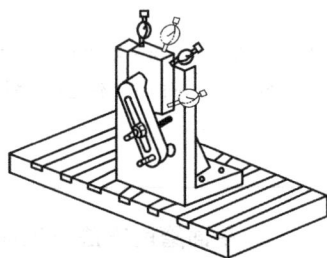

图5-16　用精密角铁
装夹与找正

[注意]

① 工件装夹完成后，应用手拉动，以检查工件是否牢固。

② 应保持电磁吸盘台面的平整光洁。

③ 磨削结束后，应先将开关转至退磁位置，去掉工件和电磁吸盘剩磁，以便取下工件。

④ 磨削结束后应将电磁吸盘台面擦净，并用盖板遮盖。

技能训练

练习　磨削六面体

1. 零件图

磨削图5-17所示的六面体工件。

2. 操作步骤

图5-17所示的六面体磨削操作步骤见表5-9。

表5-9　图5-17所示六面体磨削的操作步骤

步骤	操 作 内 容	备　注
1	清理工作台面和工件表面，检查磨削余量	采用横向磨削法
2	将工件放到电磁吸盘台面上，通电吸紧	
3	调整工作台行程挡块	
4	修整砂轮	
5	以 B 面为定位基准，粗、精磨对面，磨出即可	为磨 B 面留下加工余量
6	翻面粗、精磨 B 面至图样要求	

（续）

步骤	操作内容	备 注
7	清理工作台和角铁，以 B 面为定位基准将工件装夹在精密角铁上，找正 A 面，粗、精磨此面，磨出即可	检测 A 面和 B 面的垂直度误差
8	将工件翻转90°，以 B 面为定位基准将工件装夹在精密角铁上，找正 C 面，然后粗、精磨此面，磨出即可	找正 C 面时一并找正 A 面
9	以 A 面为定位基准，用电磁吸盘装夹，粗、精磨 A 面对面的平面至图样要求	
10	以 C 面为定位基准，用电磁吸盘装夹，粗、精磨 C 面对面的平面至图样要求	
11	去剩磁，关切削液，关机。取下工件，去毛刺，测量检验	注意安全文明生产

注：粗磨时，横向进给量为（0.1~0.4）B/双行程（B 为砂轮宽度），垂直进给量为 0.015~0.03 mm；精磨时，横向进给量为（0.05~0.1）B/双行程，垂直进给量为 0.005~0.01 mm。

次数	L/mm	H/mm	W/mm
1	80 ± 0.01	75 ± 0.01	50 ± 0.01
2	79 ± 0.01	74 ± 0.01	49 ± 0.01
3	78 ± 0.01	73 ± 0.01	48 ± 0.01
4	77 ± 0.01	72 ± 0.01	47 ± 0.01

练习内容	练习时间	材料	毛坯尺寸（长×宽×高）	件数	工时
磨削六面体	4h	45	81mm×76mm×51mm	1	240min

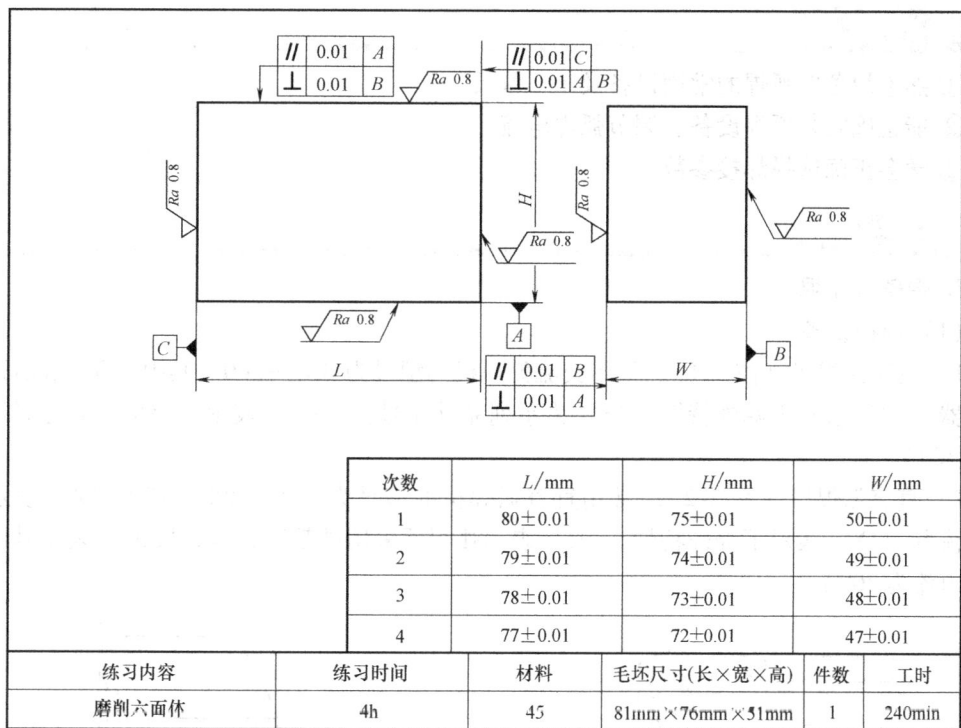

图 5-17 磨削六面体

[注意]

① 因要对工件六个面进行磨削，因而其磨削顺序不能颠倒，一般先磨厚度最小的两平面，再磨厚度较大的垂直平面，最后磨厚度最大的垂直平面。

② 装夹工件时，工件定位面要清理干净，磁性台面应保持清洁。

③ 砂轮不能全部越出工件后换向，以免塌角。

④ 在测量时要保持基准面清洁。

⑤ 遵守平面磨床的操作规程，养成文明生产、安全生产的良好习惯。

模块六 焊工实训

课题一 焊条电弧焊设备、工量具

学习目标

① 熟悉焊条电弧焊的常用设备及工、量具。
② 能正确安装弧焊设备、调节弧焊电流。
③ 学会正确选择焊接参数。

知识学习

1. 焊条电弧焊

（1）焊接设备

1）交流弧焊机（图6-1）。常用交流弧焊机的型号为BX3—300。其中"B"表示弧焊变压器，"X"表示下降外特性，"3"为系列品种序号，"300"表示弧焊机的额定焊接电流为300A。

2）直流弧焊机（图6-2）。常用直流弧焊机的型号为ZXG—300。其中"Z"表示弧焊整流器，"X"表示下降外特性，"G"表示弧焊器采用硅整流元件，"300"表示其额定焊接电流为300A。

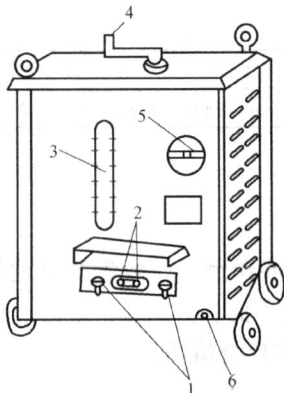

图6-1 BX3—300交流弧焊机示意图
1—输出电极 2—线圈抽头 3—电流指示表
4—调节手柄 5—转换开关 6—接地螺钉

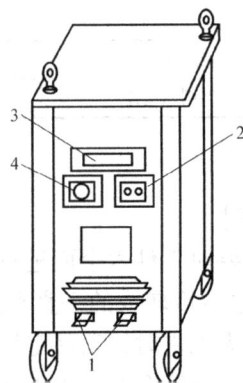

图6-2 ZXG—300直流弧焊机示意图
1—输出电极 2—电源开关
3—电流指示表 4—电流调节钮

（2）焊条结构 焊条由焊芯和药皮（或称涂料）组成，如图6-3所示。

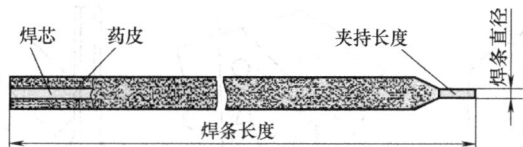

图6-3 焊条结构

（3）焊条电弧焊的接线（图6-4）及焊接示意图（图6-5）

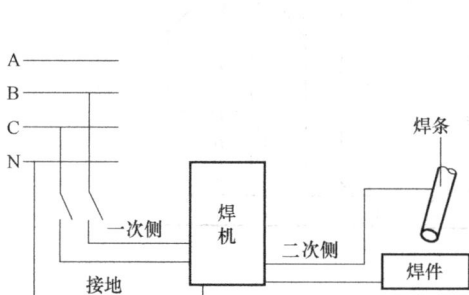

图6-4 焊条电弧焊的接线方法

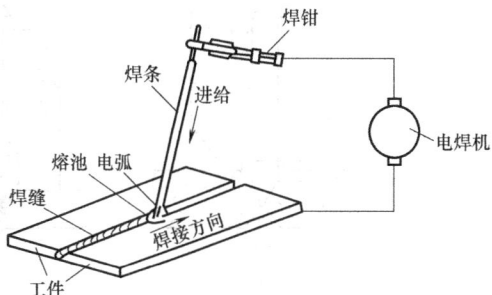

图6-5 焊条电弧焊焊接示意图

2. 焊条电弧焊工、量具

（1）焊条电弧焊的主要工具 主要工具有焊钳（图6-6）、面罩（图6-7）、焊条保温筒（图6-8）。

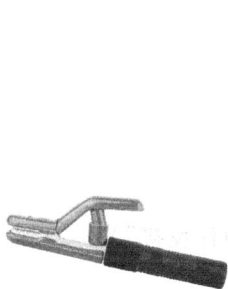

a)

b)

图6-6 焊钳　　　　　　　图6-7 面罩　　　　　图6-8 焊条保温筒
　　　　　　　　　　　a）手持式 b）头盔式

1）焊钳是夹持焊条并传导电流、进行焊接的工具。

2）面罩是一种防止焊接时的飞溅、弧光和其他辐射对焊工面部和颈部损伤的遮盖工具。

3）焊条保温筒是防止经烘烤后的焊条再次受潮的储存工具。

（2）常用的手工工具 常用的手工工具有清渣用的敲渣锤、錾子、钢丝刷、锤子、钢丝钳、夹持钳及锉刀等，如图6-9所示。

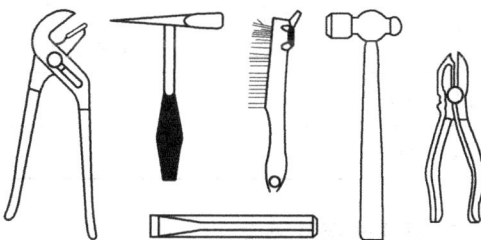

图6-9 常用的手工工具

（3）焊缝检验尺。焊缝检验尺的外形及测量示意图如图6-10所示。

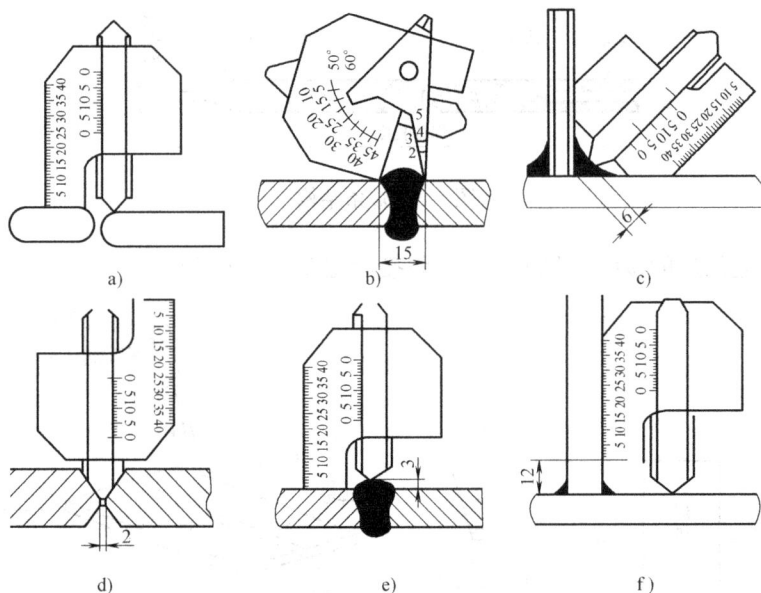

图6-10　焊缝检验尺的外形及测量示意图

a）测量错边　b）测量焊缝宽度　c）测量角焊缝厚度　d）测量双Y形坡口角度

e）测量焊缝余高　f）测量角焊缝

技能训练

练习一　正确安装弧焊设备

1. 训练内容

1）弧焊电源接入电网的正确安装。

2）弧焊电源接地线的安装。

3）弧焊电源输出回路的正确安装（弧焊整流器的"直流正接、直流反接"）。

4）弧焊电源安装后的检查验收。

2. 技术准备

根据表6-1对弧焊机参数作出正确选择。

表6-1　弧焊机的电源参数

弧焊机型号	应接入 电网电压 /V	电源的最大 焊接电流 /A	焊接电缆 横截面积 /mm²	焊钳型号	备注
BX3—300					
ZXG—300					

3. 操作步骤及要求

弧焊机连接的操作步骤及要求见表6-2。

表 6-2　弧焊机连接的操作步骤及要求

步骤	操 作 内 容	操 作 要 求
1	弧焊机接入电网	确定接入电网电压，正确接线
2	弧焊机的接地	正确接地
3	弧焊机输出回路的安装	正确选择焊接电缆、焊钳，正确安装焊接电缆与弧焊机，正确对直流弧焊机进行正接或反接
4	弧焊机安装后的检查验收	空载电压、最小与最大焊接电流达到规定值
5	焊接电缆与电缆铜接头的安装	安装应牢固、可靠
6	焊接电缆与焊钳的安装	安装应牢固、可靠
7	焊接电缆与地线接头安装	安装应牢固、可靠

练习二　调节弧焊设备焊接电流

1. 按表 6-3 的要求，任选一种弧焊机调节焊接电流

表 6-3　弧焊电源调节焊接电流

弧焊机型号	焊接电流/A	焊接电流/A
BX3—300		
ZXG—300		

2. 操作内容

1）交流弧焊机焊接电流的粗调节、细调节。

2）直流弧焊机焊接电流的调节。

3. 安全文明生产

1）能正确执行安全技术操作规程。

2）能按照企业文明生产的规定，做到工作场地整洁，工件、工具摆放整齐。

课题二　平敷焊及焊接操作技术

学习目标

① 掌握基本的焊接操作姿势及握钳方法。

② 能够正确运用焊接设备，能够正确调节焊接电流。

③ 熟练掌握引弧、运条的操作方法。

④ 正确掌握焊道的起头、连接、收尾的操作方法。

⑤ 掌握平敷焊操作方法。

知识学习

1. 平敷焊的特点

平敷焊是焊件处于水平位置时,在焊件上堆敷焊道的一种焊接操作方法。在选定焊接参数和操作方法的基础上,利用电弧电压、焊接速度,控制熔池温度、熔池形状来完成焊缝的焊接。

平敷焊是初学者进行焊接技能训练时必须掌握的一项基本技能。平敷焊焊接技术易掌握,焊缝无烧穿、焊瘤等缺陷,易获得良好的焊缝成形和焊缝质量。

2. 基本操作姿势

1)焊钳和面罩的握法如图6-11所示。面罩的握法为左手握面罩,自然上提至内护目镜框与眼平行后,向脸部靠近,面罩与鼻尖距离10~20mm即可。

2)焊接基本操作姿势有蹲姿、坐姿、站姿。在平焊时,常采用蹲姿操作,如图6-12所示。蹲姿要自然,两脚之间的夹角应为70°~85°,距离应约240~260mm。持焊钳的胳膊半伸开,悬空操作。

图6-11 焊钳和面罩的握法

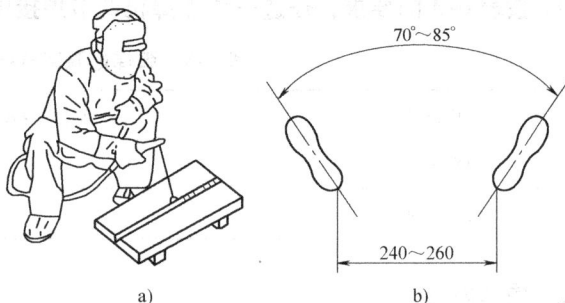

图6-12 平焊的操作姿势

a) 蹲姿操作 b) 两脚的位置

3. 焊接基本技术

(1)引弧 引弧就是使焊条和工件之间产生稳定电弧的操作。引弧时,首先使焊条末端与工件表面接触形成短路,然后迅速将焊条向上提起2~4mm的距离,电弧即引燃。引弧的方法有直击法(图6-13)和划擦法(图6-14)。

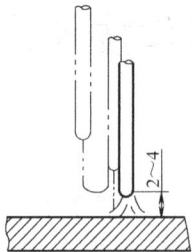

图6-13 直击法引弧

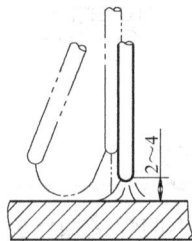

图6-14 划擦法引弧

(2)运条

1)基本动作。焊接过程中,焊条相对焊缝所作的各种动作的总称叫运条。焊接时,

关键要掌握好焊条的角度（图6-15）和运条的基本动作（图6-16）。在正常焊接时，焊条的三个基本运动相互配合。三个基本运动为沿焊条中心线向熔池送进、沿焊接方向移动、焊条横向摆动。

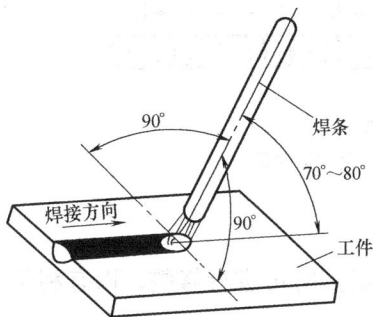

图6-15 平焊的焊条角度

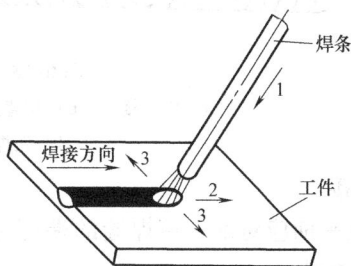

图6-16 运条的基本动作
1—焊条送进 2—沿焊缝移动 3—焊条摆动

2）运条方法。运条的方法很多，选用时应根据接头的形式、装配间隙、焊缝的空间位置、焊条直径与性能、焊接电流及焊工技术水平等条件而定。常用的运条方法见图6-17。

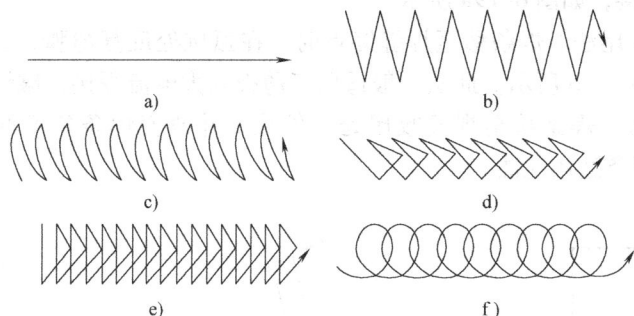

图6-17 常见焊条运条方法
a）直线形 b）锯齿形 c）月牙形 d）斜三角形 e）正三角形 f）圆圈形

（3）焊缝的起头 焊缝的起头是指开始焊接处的焊缝。这部分焊缝很容易增高，这是由于开始焊接时焊件温度低，引弧后不能迅速使这部分焊件金属的温度升高，因此熔深较浅、余高较大。为减少或避免这种情况，可在引燃电弧后先将电弧稍微拉长些，对焊件进行必要的预热，然后适当降低电弧长度转入正常焊接。重要的结构往往增加引弧板。

（4）焊道连接 焊条电弧焊时，由于受到焊条长度的限制或操作姿势的变化，很少恰好用一根焊条完成一条焊缝，因而出现了焊道前后两段的连接。

1）焊道连接方式如下。

① 中间接头：后焊焊缝的起头与先焊焊缝结尾相接，如图6-18a 所示。

② 相背接头：后焊焊缝的起头与先焊焊缝起头相接，如图6-18b 所示。

③ 相向接头：后焊焊缝的结尾与先焊焊缝结尾相接，如图6-18c 所示。

④ 分段退焊接头：后焊焊缝的结尾与先焊焊缝起头相接，如图6-18d 所示。

2）注意事项。

① 接头时引弧应在弧坑前 10mm 任何一个待焊面上进行，然后迅速移至弧坑处划圈进

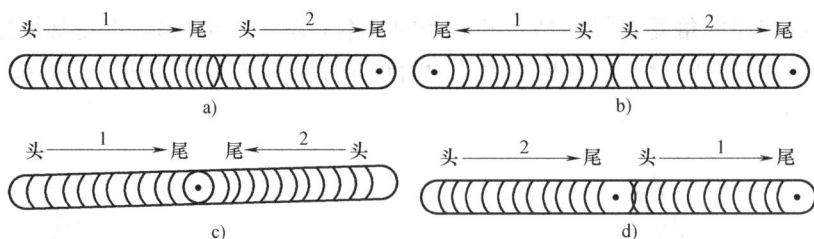

图 6-18 焊缝接头的四种情况

a) 中间接头　b) 相背接头　c) 相向接头　d) 分段退焊接头

1—先焊焊缝　　2—后焊焊缝

行正常焊接。

② 接头前应对前一道焊缝的端部进行认真的清理，必要时可进行修整，以有利于保证接头的质量。

（5）焊缝的收尾　焊接时电弧中断和焊接结束，都会产生弧坑。弧坑处常出现疏松、裂纹、气孔、夹渣等现象。为了克服弧坑缺陷，就必须采用正确的收尾方法，常用的收尾方法有三种。

1）划圈收尾法。焊条移至焊缝终点时，作圆圈运动，直到填满弧坑再拉断电弧。此法适用于厚板的焊接，如图 6-19a 所示。

2）反复断弧收尾法。焊条移至焊缝终点时，在弧坑处反复熄弧、引弧数次，直到填满弧坑为止，如图 6-19b 所示。此法一般适用于薄板和大电流焊接，碱性焊条不适用。

3）回焊收尾法。焊条移至焊缝收尾处即停住，并改变焊条角度回焊一小段，如图 6-19c所示。碱性焊条适用此法。

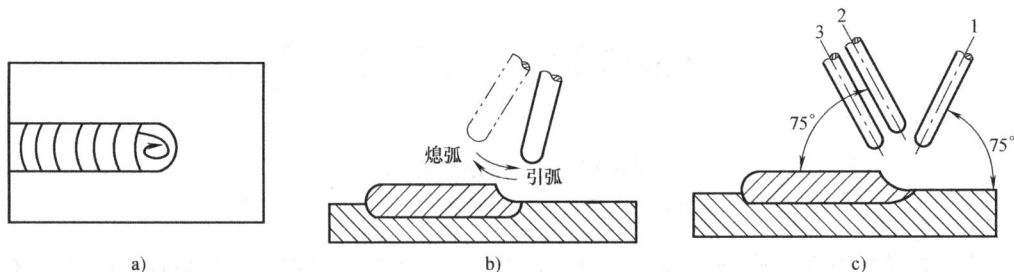

图 6-19 焊缝的收尾

a) 划圈收尾法　b) 反复断弧收尾法　c) 回焊收尾法

收尾方法的选用还应根据实际情况来确定，可使用单项，也可多项结合使用。无论选用何种方法，都必须将弧坑填满、达到无缺陷为止。

技能训练

练习一　焊接操作模拟训练

1）制砂箱，如图 6-20 所示。

2）准备工具：焊钳、φ3.2mm 焊条、无墨镜片面罩。

3）操作：用焊钳夹持焊条，按正确操作方法，左手拿面罩，右手握焊钳，将焊条的端部放于砂箱上，如图 6-20b 所示。按照各种引弧、起头、运条、接头、收尾操作方法，在砂面上进行动作训练，直到能熟练掌握为止。

图 6-20 砂箱及模拟操作
a）砂箱 b）焊接模拟操作

练习二 平敷焊操作训练

1. 训练图样（图 6-21）

2. 训练内容

1）选择焊接参数。

2）要求焊缝长 300mm、宽 10mm、余高 0.5～2mm、平直光滑无任何焊缝缺陷。

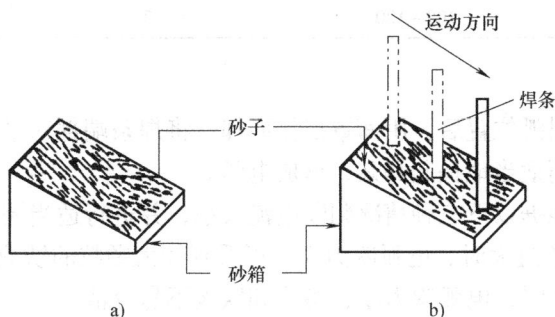

技术要求

1. 要求自己选择焊接电流，按要求确定焊条角度和电弧长度。
2. 焊后必须清理工件表面的飞溅，并且不得修饰、补焊。
3. 必须严格遵守电弧焊安全操作规程。

练习内容	练习时间	材料	备料尺寸(长×宽×高)	工时
平敷焊	4h	Q235	300mm×100mm×8mm	240min

图 6-21 平敷焊练习图

3. 操作准备

（1）焊前准备　按图样要求准备工件，选用焊条、弧焊设备，备齐锤子、面罩、划线工具及个人劳保用品等。

（2）确定焊接参数　焊接参数见表 6-4。

表 6-4 焊接参数

焊条直径 φ/mm	焊接电流/A	电弧长度/mm	运 条 方 法
3.2	100～120	3	直线形、锯齿形

4. 操作要领

手持面罩，看准引弧位置后，用面罩挡住面部。将焊条端部对准引弧处，用划擦法或直击法引弧后，迅速而适当地提起焊条，形成电弧。

调试电流时，应根据以下三种情况判断电流大小，并进行适当调节。

（1）看飞溅 电流过大时，电弧吹力大，可看到较大颗粒的铁液向熔池外飞溅，焊接时爆裂声大；电流过小时，电弧吹力小，熔渣和铁液不易分清。

（2）看成形焊缝 电流过大时，熔深大，焊缝余高低，两侧易产生咬边；电流过小时，焊缝窄而高，熔深浅，且两侧与母材金属熔合不好；电流适中时，焊缝两侧与母材金属熔合得很好，呈圆滑过渡。

（3）看焊条熔化状况 电流过大时，当焊条熔化了大半截时，未溶化部分均已发红；电流过小时，电弧燃烧不稳定，焊条易粘在焊件上。

[注意]

① 操作时必须穿戴好工作服、脚盖和手套等防护用品；必须戴防护遮光面罩，以防电弧灼伤眼睛。

② 引弧时，若焊条与工件出现粘连，应迅速使焊钳脱离焊条，以免烧损弧焊电源，待焊条冷却后，用手将焊条拿下。

③ 焊接时要注意对熔池的观察：熔池的亮度反映着熔池的温度，熔池的大小反映着焊缝的宽窄。注意对熔渣和熔化金属的分辨。

④ 正确使用焊接设备，正确调节焊接电流。

⑤ 焊接的起头和接头处应基本平滑，无局部过高、过宽现象，收尾处应无缺陷。

⑥ 焊接均匀，无任何焊缝缺陷。

⑦ 焊后焊件应无引弧痕迹。

⑧ 训练时注意安全，焊后工件及焊条头应妥善保管或放好，以免烫伤。

⑨ 在实习场所周围应设置有灭火器材。

⑩ 弧焊电源外壳必须有良好的接地或接零，焊钳绝缘手柄必须完整无缺。

课题三 薄板Ⅰ形坡口对接平焊

学习目标

① 掌握定位焊、Ⅰ形坡口对接平焊的操作要领和方法。

② 学会应用焊条角度、电弧长度和焊接速度来调整焊缝的高度和宽度。

③ 掌握提高焊缝质量的操作方法。

知识学习

1. 定位焊

焊前为固定焊件的相对位置而进行的焊接操作叫定位焊。由定位焊形成的短小而断续的焊缝叫定位焊缝。通常定位焊缝都比较短小，在焊接过程中不用去掉，可以成为正式焊缝的一部分。定位焊后必须尽快地正式焊接，中途不能停顿时间过长。定位焊缝质量的好坏将直接影响正式焊缝的质量及焊件的变形程度，因此对定位焊必须有足够的重视。定位焊缝的参考尺寸见表6-5。

表6-5 定位焊缝的参考尺寸 （单位：mm）

焊件厚度	定位焊缝长度	定位焊缝间距
<4	5~10	50~100
4~12	10~20	100~200
>12	≥20	200~300

2. I形坡口对接平焊

平焊是一种在水平面上进行任意方向焊接的操作方法。平焊分为对接平焊、T形接头平焊和搭接接头平焊。当板厚小于6mm时，一般采用I形坡口对接平焊。

（1）I形坡口对接接头 I形坡口对接平焊应采用双面双道焊。焊接正面焊缝时，应采用短弧焊，熔深应为焊件厚度的2/3，焊缝宽度应为5~8mm，余高应小于1.5mm，如图6-22所示，焊接电流可大些。

（2）焊条角度 焊条角度如图6-23所示。

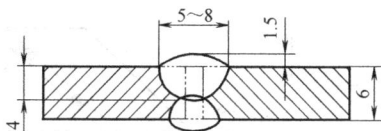

图6-22 I形坡口对接接头

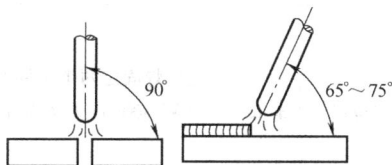

图6-23 对接平焊的焊条角度

3. I形坡口对接平焊焊接参数（表6-6）

表6-6 I形坡口对接平焊焊接参数推荐值

焊缝横断面形式	焊件厚度/mm	第一层焊缝		其他各层焊缝		盖面焊缝	
		焊条直径/mm	焊接电流/A	焊条直径/mm	焊接电流/A	焊条直径/mm	焊接电流/A
	2	2	50~60	—	—	2	55~60
	2.5~3.5	3.2	80~110	—	—	3.2	85~120
	4~5	3.2	90~130	—	—	3.2	100~130
		4	160~200	—	—	4	160~210
		5	200~260	—	—	5	220~260

练习　薄板 I 形坡口对接平焊

1. 练习要求

对接平焊厚 4~6mm、长 150mm × 宽 40mm 的两块钢板。要求焊缝余高 0.5~1.5mm、宽 8~10mm，焊缝表面无任何焊缝缺陷。练习时间 4h。

2. I 形坡口对接平焊操作步骤（见表 6-7）

表 6-7　I 形坡口对接平焊操作步骤

步骤	操作内容	说　　明	附　　图
1	备料	划线，用剪切或气割方法下料，清理钢板	
2	坡口准备	钢板厚 4~6mm，可采用 I 形坡口双面焊，接口必须平整	第二面　第一面
3	焊前清理	清除铁锈，油污等	三面平、直、垂直　20~30　清除干净
4	装配	将两板水平放置，对齐，留 1~2mm 间隙	1~2
5	定位焊	用焊条定位焊固定两个工件的相对位置（如工件较长，可每隔 300mm 左右定位一处）。定位焊后除渣	30　10~15　30
6	焊接	1）选择合适的焊接参数 2）先焊定位焊的反面，使熔深大于板厚的一半，焊后除渣 3）翻转工件，焊另一面，注意事项同上	飞溅
7	焊后清理	用钢丝刷等工具把焊件表面的焊渣、飞溅等清理干净	
8	检验	用外观方法检查焊缝质量，若有缺陷，应尽可能修补	

[注意]

① 焊接时要注意对熔池的观察：熔池的亮度反映着熔池的温度，熔池的大小反映着焊缝的宽窄。注意对熔渣和熔化金属的分辨。

② 焊接时的起头、运条和收尾的方法要正确。

③ 焊接反面焊缝时，除重要结构外，不必清根，但要将正面焊缝和背面焊缝清除干净，然后再焊接。

④ 正确使用焊接设备，正确调节焊接电流。

⑤ 为了延长弧焊电源的使用寿命，调节电流时应在空载状态下进行，调节极性时应在焊接电源未闭合状态下进行。

⑥ 焊后焊件应无引弧痕迹。

课题四　低碳钢板 V 形坡口对接平焊

学习目标

① 掌握 V 形坡口对接平焊的操作方法。

② 掌握焊接参数的选择与调节。

③ 学会控制焊缝熔池的方法，学会选用焊条角度、电弧长度。

④ 正确处理焊接过程中出现的焊缝缺陷，学会合理安排焊道、提高焊缝质量的技巧。

知识学习

1. V 形坡口对接平焊

当板厚超过 6mm 时，由于电弧的热量较难深入到 I 形坡口根部，故必须开单 V 形坡口或双 V 形坡口、采用多层焊或多层多道焊，如图 6-24、图 6-25 所示。

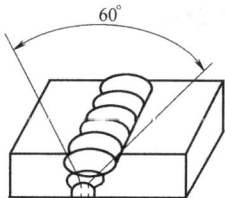

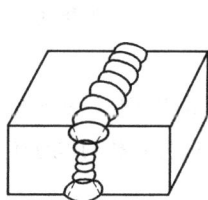

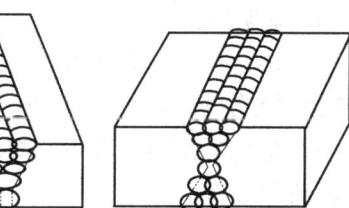

图 6-24　多层焊　　　　　　　　　　图 6-25　多层多道焊

（1）多层焊　多层焊时，第一层应选用较小直径的焊条，运条方法应根据焊条直径与坡口间隙而定。可采用直线运条法或锯齿形运条法，要注意边缘熔合的情况并避免将焊件焊穿。

以后各层焊接时，应将前一层焊渣清除干净，然后选用直径较大的焊条和较大的焊接电流施焊，可采用锯齿形运条法，并应用短弧焊接。但每层不宜过厚，应注意在坡口两边

稍停留。为防止产生熔合不良等缺陷，每层的焊缝接头须互相错开。

（2）多层多道焊 多层多道的焊接方法与多层焊接相似。焊接时，初学者要特别注意清除焊渣，以避免产生夹渣、未熔合等缺陷。

2. V形坡口对接平焊焊接参数（表6-8）

表6-8 V形坡口对接平焊焊接参数

焊缝横断面形式	焊件厚度 /mm	第一层焊缝		其他各层焊缝		盖 面 焊 缝	
		焊条直径/mm	焊接电流/A	焊条直径/mm	焊接电流/A	焊条直径/mm	焊接电流/A
	5~6	4	160~200	—	—	3.2	100~130
						4	180~210
	大于6 小于12	4	160~200	4	160~210	4	180~210
				5	220~280	5	220~260
	≥12	4	160~210	4	160~210	—	—
				5	220~280	—	—

技能训练

练习 低碳钢板V形坡口对接平焊

1. 焊件尺寸及焊接要求

1）工件材质：Q235。

2）工件尺寸：长 200mm × 宽 150mm × 高 12mm，如图6-26 所示。

3）焊接位置：平焊。

4）焊接要求：单面焊双面成形。

5）焊接材料：E4303，ϕ3.2mm/ϕ4.0mm。

6）练习时间：4h。

2. 焊前准备

1）选用 BX3—300 型交流弧焊机。使用前应检查弧焊机各处的接线是否正确、牢固、可靠，按要求调试好焊接参数。

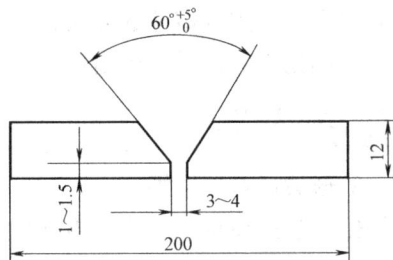

图6-26 工件及坡口尺寸

2）检查焊条质量，焊接前焊条应严格按照规定的温度和时间进行烘干，而后放在保温筒内随取随用。

3）将待焊区两侧20mm 范围内的铁锈、油污、氧化物等清理干净，使其露出金属光泽。

4）准备好工作服、焊工手套、护脚盖、面罩、钢丝刷、锉刀和角向磨光机等。

3. 工件装配

1）装配间隙：始焊端3mm，终焊端4mm。

2）预留反变形：3°~4°。

3）错变量：≤1mm。

4）定位焊：采用与工件焊接相同的焊条进行定位焊，并在工件坡口内两端点焊，焊点长

度为10~15mm，将焊点接点端打磨成斜坡状。

4. 焊接参数（表6-9）

表6-9 焊接参数

焊接层次	焊条直径/mm	焊接电流/A	电弧电压/V	焊接速度/(mm/min)
打底焊	3.2	110~120	23~26	30~40
填充焊（1）	3.2	130~140	23~26	30~40
填充焊（2）	4.0	170~185	23~26	65~75
盖面焊	4.0	160~170	23~26	65~75

5. 操作要领

（1）打底焊 底层的焊接是单面焊双面成形的关键。打底焊主要有三个重要的环节，即引弧、收弧、接头。焊条与焊接前进方向之间的角度为70°~80°，选用断弧焊一点击穿法。

在始焊端的定位焊处引弧，并略抬高电弧稍作预热。当焊至定位焊尾部时，将焊条向下压一下，听到"噗"的一声后，立即熄弧。此时熔池前端应有熔孔，其深入两侧母材0.5~1mm，如图6-27所示。

当熔池边缘变成暗红色、熔池中间的金属仍处于熔融状态时，立即在熔池中间引燃电弧，焊条再略向下轻微压一下，以形成熔池。打开熔孔后应立即熄弧，这样反复击穿到焊完。运条间距要均匀准确，使电弧的2/3压住熔池，1/3作用在熔池前方，以熔化和击穿坡口根部，形成熔池。

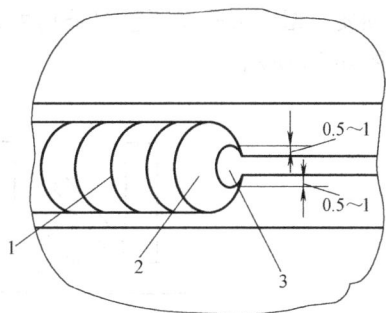

图6-27 熔孔示意图
1—焊缝 2—熔池 3—熔孔

即将更换焊条、收弧前，应在熔池前方形成熔孔，然后回焊10mm左右再熄弧；或向末尾熔池的根部送进2~3滴铁液，然后熄弧更换焊条，以使熔池缓慢冷却，避免接头出现冷缩孔。

接头时换焊条的速度要快，在收弧熔池还没有完全冷却时，立即在熔池后10~15mm处引弧。当电弧移至收弧熔池边缘时，将焊条向下压，听到击穿声后稍作停顿，然后熄弧。接下来再给两滴铁液，以保证接头过渡平整，然后恢复正常焊接操作。

（2）填充焊 填充焊前应先将打底焊层彻底清理干净。填充焊的运条方法为月牙形或锯齿形，焊条与焊接前进方向之间的角度为75°~85°。

（3）盖面焊 盖面层施焊的焊条角度、运条方法及接头方法与填充焊相同。但盖面层施焊时焊条摆动的幅度要比填充层大。摆动时，要注意使摆动幅度一致、运条速度均匀。同时，注意观察坡口两侧的熔化情况。施焊时应在坡口两侧稍作停顿，使焊缝两侧熔合良好、避免产生咬边，以得到优良的盖面焊缝。注意保证熔池边沿不得超过表面坡口棱边2mm，否则焊缝超宽。

课题五　低碳钢板 T 形接头平角焊

① 掌握 T 形接头平角焊的操作方法。
② 掌握焊接参数的选择与调节。
③ 学会控制焊缝熔池的方法，学会选用焊条角度、电弧长度。

知识学习

1. T 形接头平角焊

（1）焊接角度　T 形接头平角焊时，容易产生未焊透、焊偏、咬边及夹渣等缺陷，特别是立板容易产生咬边缺陷。为防止产生上述缺陷，焊接时除要正确选择焊接参数外，还必须要根据两板厚度调整焊条角度，电弧应偏向厚板一边，以让两板受热温度均匀一致，如图 6-28 所示。

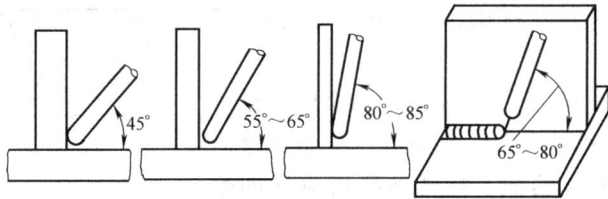

图 6-28　T 形接头平角焊时的焊条角度

（2）焊接方法

1）当焊脚小于 6mm 时，可用单层焊，选用 $\phi4mm$ 焊条，采用直线形或斜圆形运条方法。焊接时采用短弧，防止产生焊偏及在垂直板上咬边。

2）焊脚为 6~10mm 时，可用两层两道焊。焊第一层时，选用 $\phi3.2~4mm$ 焊条，采用直线形运条方法，必须将顶角焊透。以后各层可选用 $\phi4~5mm$ 的焊条，采用斜圆形运条方法，要防止产生焊偏及咬边等现象。

3）当焊脚大于 10mm 时，采用多层多道焊，可选用 $\phi5mm$ 的焊条，这样能提高生产率。在焊接第一道焊缝时，应选用较大的电流，以得到较大的熔深；焊接第二道焊缝时，由于焊件温度升高，可选用较小的电流和较快的焊接速度，以防止垂直板产生咬边现象。

4）在实际生产中，当焊件能翻动时，应尽可能把焊件放成平焊位置进行焊接，此种方法称作船形焊，如图 6-29 所示。平焊位置焊接既能避免产生咬边等缺陷，使焊缝平整美观，又能使用大直径焊条和较大的焊接电流，且便于操作，从而可以提高生产率。

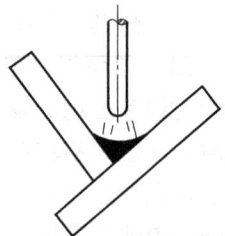

图 6-29　船形焊

2. T形接头平角焊的焊接参数（表6-10）

表6-10 T形接头平角焊焊接参数推荐值

焊缝横断面形式	焊件厚度或焊脚尺寸 /mm	第一层焊缝		其他各层焊缝		盖面焊缝	
		焊条直径 /mm	焊接电流 /A	焊条直径 /mm	焊接电流 /A	焊条直径 /mm	焊接电流 /A
	2	2	55～65	—	—		
	3	3.2	100～120	—	—		
	4	3.2	100～120	—	—		
		4	160～200	—	—		
	5～6	4	160～200	—	—		
		5	220～280	—	—		
	≥7	4	160～200	5	220～280	—	—
		5	220～280				
		4	160～200	4	160～200	4	160～200
				5	220～280		

技能训练

练习 低碳钢板T形接头平角焊

1. 焊件尺寸及焊接要求

1）工件材质：Q235。

2）工件尺寸：长150mm×宽80mm×高12mm。

3）焊接位置：平焊。

4）焊接材料：E4303，ϕ3.2mm。

5）练习时间：4h。

2. 焊前准备

1）选用BX3—300型交流弧焊机。

2）检查焊条质量，焊条烘干，将其放在保温筒内随取随用。

3）将待焊区两侧20mm范围内的铁锈、油污、氧化物等清理干净，使其露出金属光泽。

4）穿戴好防护用品，备齐工具等。

3. 定位焊

定位焊缝应位于T形接头的首尾两处。

4. 焊接参数（表6-11）

表6-11 焊接参数

焊接层次	焊条直径/mm	焊接电流/A	电弧电压/V	焊接速度/(mm/min)
打底焊	3.2	130～140	15～25	150～160
盖面焊	3.2	130～140	15～25	150～160

5. 操作要领

（1）焊道分布　二层三道，如图 6-30 所示。

（2）打底焊　选用直径 3.2mm 的焊条，焊接电流选为 130～140A，焊条角度如图6-31所示。采用直线运条方法，压低电弧，必须保证顶角处焊透，电弧始终对准顶角。焊接过程中注意观察熔池，使熔池下沿与底板熔合好、熔池上沿与立板熔合好，使焊脚尺寸对称。

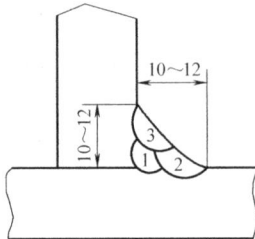

图 6-30　焊道示意图　　　　　　图 6-31　打底焊焊条角度

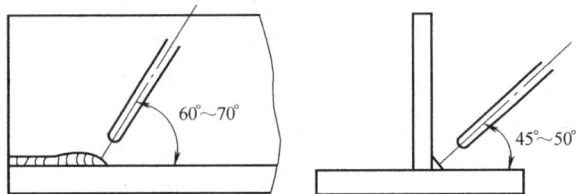

（3）盖面焊　盖面焊前应先将打底焊层清理干净。盖面焊时的焊条角度如图 6-32 所示。焊盖面层下面的焊道时，电弧应对准打底焊道的下沿，直线运条。焊盖面层上面的焊道时，电弧应对准打底焊道的上沿，焊条稍微摆动，使熔池上沿与立板平滑过渡，熔池下沿与下面的焊道均匀过渡。焊接速度要均匀，以便形成表面较平滑且略带凹形的焊缝。如果要求焊脚较大，可适当摆动焊条，运条方法采用锯齿形或斜圆圈形。

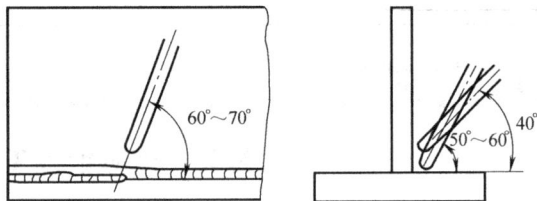

图 6-32　盖面焊焊条角度

课题六　气焊设备、辅助工具及材料

学习目标

① 了解气焊的基本原理，熟悉气焊设备及辅助工具。
② 熟悉焊炬的基本操作，掌握气焊火焰点燃、调节、熄灭的操作方法。

知识学习

气焊是将可燃气体和助燃气体在焊炬里进行混合，而后使它们发生剧烈的氧化燃烧，利用氧化燃烧的热量熔化工件接头部位的金属和焊丝，从而使熔化金属形成熔池、冷却后形成焊缝的焊接方法。

1. 气焊设备

气焊设备的连接如图 6-33 所示。气焊设备主要由氧气瓶、乙炔瓶、减压器、橡胶软

管、焊炬组成。图6-34所示为便携式气焊设备。

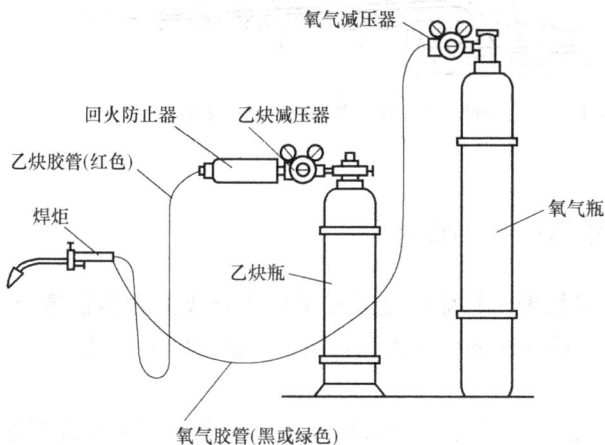

图6-33 气焊设备连接图

图6-34 便携式气焊设备

（1）氧气瓶 氧气瓶是一种储存和运输氧气的高压容器。

（2）乙炔瓶 乙炔瓶是一种储存和运输乙炔的压力容器。其外形与氧气瓶相似，但比氧气瓶矮、略粗一些。

（3）减压器 减压器又称为压力调节器。它是将高压气体的压力由高压降为低压的调节装置，如图6-35所示。

（4）回火防止器 回火防止器装在乙炔减压器之后的接管线处，对气焊、气割过程中发生的回火，能起到防止的作用，从而可以避免火焰进入乙炔瓶，发生爆炸。回火防止器如图6-36所示。

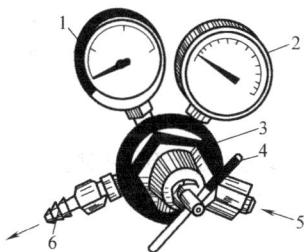

图6-35 减压器

1—低压表 2—高压表 3—外壳 4—调压螺母
5—进气接头 6—出气接头

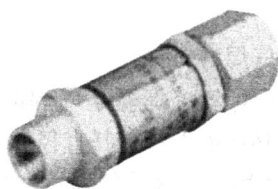

图6-36 乙炔回火防止器

（5）焊炬 焊炬是进行气焊的主要工具，如图6-37所示。它是使可燃气体与氧气按一定比例混合燃烧形成稳定火焰的工具。

（6）橡胶软管 氧气瓶和乙炔瓶中的气体须用橡胶软管输送到焊炬中。氧气胶管为黑色或深绿色，承受工作压力为1.5MPa；乙炔胶管为红色，承受工作压力为0.5MPa或1MPa。因承受工作压力不同，故二者不能互换使用。

2. 辅助工具

（1）护目镜 气焊时，焊工应戴护目镜（图6-38）。其可保护焊工眼睛，使眼睛不受

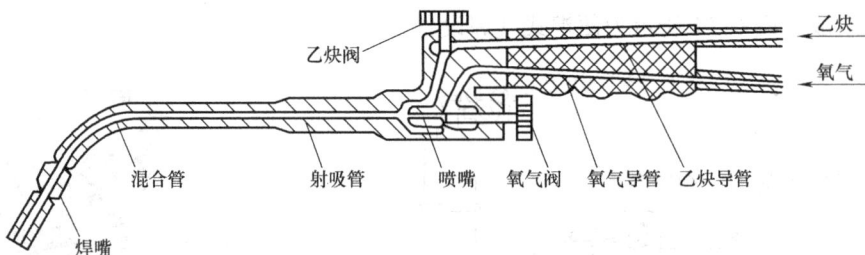

图 6-37　焊炬的结构

火焰亮光的刺激，以便在焊接过程中仔细地观察熔池金属；又可防止飞溅金属伤害眼睛。在焊接一般材料时，宜用黄绿色镜片。镜片的颜色要深浅合适，根据光度强弱可选用 3～7 号遮光镜片。

（2）通针　通针（图 6-39）用于清理发生堵塞的火焰孔道，一般由焊工用性能好的钢丝或黄铜丝自制。

（3）打火机　点火时，使用手枪式打火机（图 6-40）点火最为安全可靠，尽量避免使用火柴点火。

（4）其他工具　钢丝刷、锤子、锉刀、扳手、钳子等。

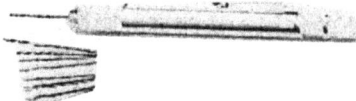

图 6-38　护目镜　　　　　　图 6-39　通针　　　　　图 6-40　手枪式打火机

3. 气焊材料

（1）焊丝　焊丝是气焊时起填充作用的金属丝。焊接低碳钢时，常用焊丝牌号有 H08A、H08MnA 等，其直径一般为 2～4mm。焊丝使用前应清除表面上的油、锈等污物，不允许使用不明牌号的焊丝进行焊接。

（2）熔剂　气焊熔剂（又称焊粉）是焊接时的助熔剂。其作用是：保护熔池，减少有害气体侵入，去除熔池中形成的氧化物杂质，增加熔池金属的流动性。一般情况下，气焊低碳钢时不必使用熔剂，但在焊接非铁金属、铸铁及不锈钢等材料时，必须采用熔剂。

技能训练

练习　气焊点火的操作

气焊点火的操作步骤及要求见表 6-12。

表6-12 气焊点火的操作步骤及要求

步骤		操 作 内 容	备 注
1	连接焊接设备	按图6-33所示,将氧气瓶、乙炔瓶、减压器、回火防止器、橡胶软管、焊炬连接起来	保证设备连接可靠,无泄漏;用通针通孔并排气检验,保证焊炬气路畅通
2	调节气体工作压力	调节氧气减压器,将氧气压力调节到0.2~0.3MPa;调节乙炔减压器,将乙炔压力调节到0.001~0.1MPa	
3	点燃火焰	先逆时针稍微开启焊炬上氧气阀,然后逆时针方向旋转焊炬上乙炔阀,待混合气体从焊嘴喷出后,用手枪式打火机点燃火焰	注意打开阀门的次序
4	调节火焰	点燃火焰后,右手握住焊炬的手柄,左手操作焊炬上的乙炔阀,右手拇指和食指操作氧气阀	逐渐增加氧气的供给量,直到火焰的内、外焰无明显的界限,即达到中性焰为止(图6-43)
5	熄灭火焰	先顺时针方向旋转乙炔阀,直至关闭,再顺时针方向旋转氧气阀,关闭氧气	注意关闭阀门的次序

[注意]

1)在检查气路是否畅通时,严禁在开启氧气阀和乙炔阀的情况下,用手堵住焊嘴。这样做会使高压的氧气流入乙炔导管中,一点火就会引起爆炸。

2)点火时,拿火源的手不要正对焊嘴,也不要将焊嘴指向他人,以防烧伤。

3)开始练习时,可能不易点燃火焰或发出连续的"放炮"声。其原因是氧气量过大或乙炔不纯,应微关氧气阀门或放出不纯的乙炔后重新点燃。

4)防止发生回火现象。遇到这种情况时不能惊慌,应先快速关闭焊炬的乙炔阀,然后关闭焊炬的氧气阀,稍后再重新点火。

5)关闭阀门时不漏气即可。不要将阀门关得太紧,以避免加速焊炬磨损,降低其使用寿命。

课题七 薄板平敷气焊

学习目标

① 学会正确选择气焊焊接参数。

② 掌握蹲坐、握焊炬、握焊丝、双手运炬和送丝动作的协调与配合。

③ 熟悉气焊的基本操作方法,掌握焊道的起焊、接头、收尾等操作。

④ 学会观察被焊处的熔池状态、温度、形状等焊接动态过程。

知识学习

1. 焊前准备

气焊前,必须重视对焊件的清理工作。要清除焊丝和焊接接头处表面的油污、铁锈和

水分等，以保证焊接接头的质量。

2. 气焊工艺

气焊的接头型式和焊接空间位置等工艺问题的处理，与焊条电弧焊基本相同。气焊时需主要确定焊丝的直径、焊嘴的大小以及焊嘴对工件的倾斜角度。

（1）焊丝的选用　气焊所用的焊丝是没有药皮的金属丝，成分应与工件基本相同，原则上要求焊缝的强度与工件等同。焊丝的选用见表6-13。

表6-13　焊丝的选用

工件厚度/mm	1~2	2~3	3~5	5~10	10~15	>15
焊丝直径/mm	1~2	2	2~3	3~4	4~6	6~8

（2）焊嘴的选用　焊炬端部的焊嘴是氧气、乙炔混合气体的喷口，如图6-41所示。每把焊炬都备有一套直径不同的焊嘴，焊接厚的工件时应选用较大直径的焊嘴。焊嘴的选择见表6-14。

表6-14　焊嘴的选择

焊嘴号	1	2	3	4	5
工件厚度/mm	1~2	2~3	3~4	4~5	5~6

（3）焊嘴对工件的倾斜角度　焊接时焊嘴轴线与工件表面之间的夹角（α）的大小，将影响到火焰热量的集中程度。焊接厚度较大的工件时，应采用较大的夹角，以使火焰的热量集中，获得较大的熔深；焊接较薄的工件时则相反。夹角的选择见图6-42。

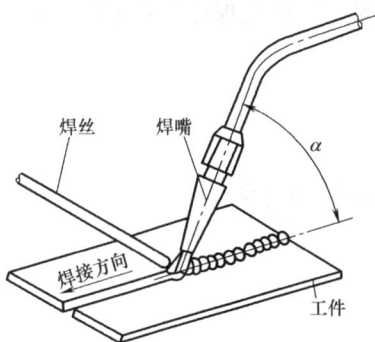

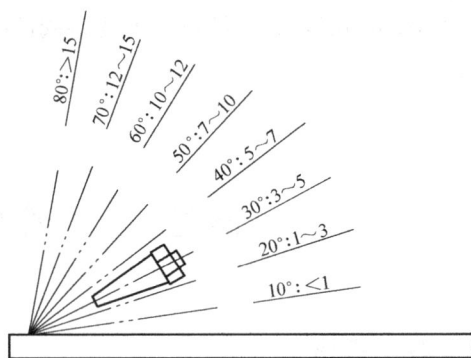

图6-41　气焊图6-42　焊嘴对工件的倾斜角度

3. 气焊火焰的选择

通过调整混合气体中乙炔与氧气的比例，可获得三种不同性质的火焰，如图6-43所示。

（1）中性焰　中性焰又称正常焰。其氧气和乙炔的体积比为1.0~1.2，适用于焊接低碳钢、中碳钢、合金钢、纯铜和铝合金等材料。

（2）碳化焰　碳化焰的氧气和乙炔的体积比小于1.0。由于乙炔过剩，故适用于焊接

高碳钢、硬质合金，焊补铸铁等。

（3）氧化焰 氧化焰的氧气与乙炔的体积比大于1.2。由于燃烧时有过剩氧气，对金属熔池有氧化作用，从而降低了焊缝质量，故一般不采用，只用于焊接黄铜。

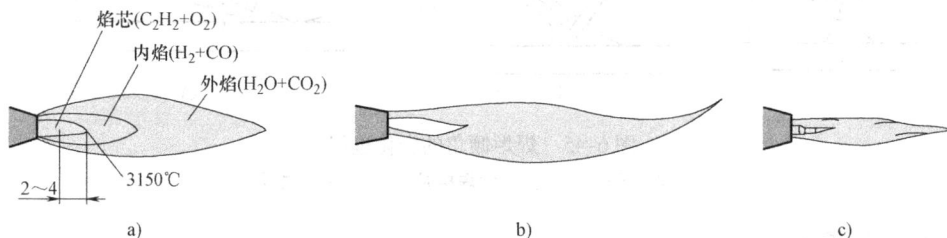

图 6-43 氧乙炔焰
a）中性焰 b）碳化焰 c）氧化焰

4. 基本焊法

气焊时，一般左手拿焊丝，右手拿焊炬；两手的动作要协调；沿焊缝向左或向右焊接。

（1）左向焊法 焊接热源从接头右端向左端移动，并指向待焊部分的焊接方法，称为左向焊法，如图 6-44 所示。应用此焊接方法时，焊嘴轴线的投影应与焊缝重合，且与焊缝一般保持30°~50°的夹角。左向焊法主要适用于焊接厚度在 3mm 以下的薄板和低熔点金属。这种焊法容易掌握，应用最普遍。

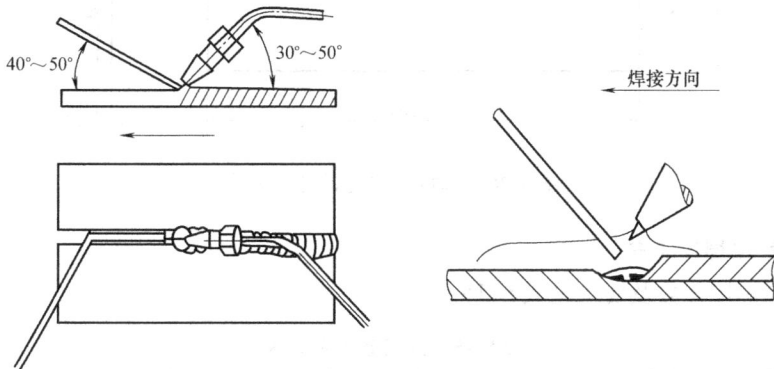

图 6-44 左向焊法

（2）右向焊法 焊接热源从接头左端向右端移动并指向已焊接部分的焊接方法，称为右向焊法。这种焊法适用于焊接厚度较大、熔点较高的工件。

5. 焊缝成形

在焊接过程中，必须保证火焰为中性焰，否则易出现熔池不清晰、有气泡、火花飞溅或熔池沸腾等现象。同时，要控制好熔池大小，可通过改变焊炬的倾角、高度和焊接速度来实现。为获得优质与美观的焊缝，焊炬与焊丝应作均匀协调的摆动。

在整个焊接过程中，焊炬倾角是不断变化的，如图 6-45 所示。预热时，焊炬倾角为50°~70°；正常焊接时，焊炬倾角为30°~50°；收尾时，焊炬倾角为20°~30°。此为控制熔池温度的关键。

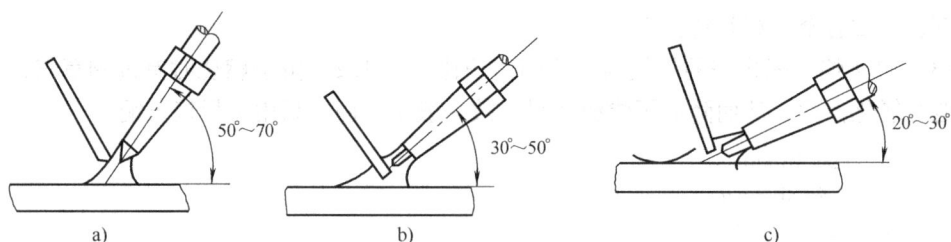

图 6-45　焊炬倾角的变化过程

a）焊前预热时　b）正常焊接时　c）焊接收尾时

技能训练

练习　薄板平敷气焊

选择一块 Q235 钢板，尺寸为 200mm × 100mm × 2mm。在钢板上练习气焊的基本操作技能，直到敷满板面。为保证焊道有序排列，可用石笔在钢板上画出间隔为 25mm 的直线。实训图样如图 6-46 所示。

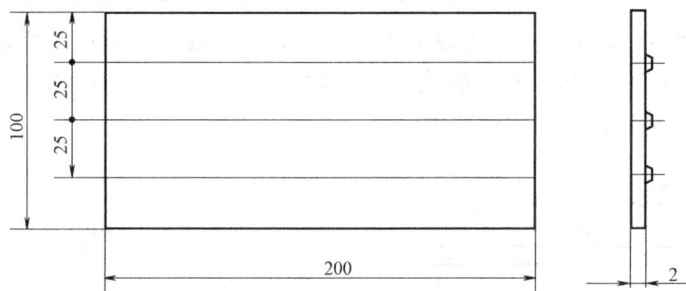

图 6-46　薄板平敷气焊实训图样

1. 平敷气焊焊接工艺

平敷气焊焊接参数及要求见表 6-15。

表 6-15　焊接参数及要求

焊接参数	焊炬型号 焊嘴型号	氧气工作 压力/MPa	乙炔工作 压力/MPa	运炬 方式	火焰 热量	火焰性质	焊　丝	
							材质	直径/mm
	H01-6-2	0.2 ~ 0.3	0.001 ~ 0.1	直线	适中	中性或轻 微氧化焰	H08A	2
焊接要求	焊缝宽度 $c = 8$mm，单层焊，焊缝成形平直							
焊接设备及工具	氧气瓶；乙炔瓶；减压阀；焊炬；橡胶软管；长度 500mm 左右的焊丝数根，捋直待用							
辅助工具	护目镜、手枪式打火机、通针、钢丝刷、手提砂轮机							

2. 实训步骤及操作要领

（1）焊前清理　将焊件表面的氧化皮、铁锈、油污、脏物等用钢丝刷或砂布清理掉，使焊件露出金属光泽。

（2）划线　将焊件放置在工位上，使焊件处于平焊位置。用石笔在焊件表面划平行线，间隔 25mm 为宜。

（3）焊接 将火焰调整到中性焰。焊接时，左手拿焊丝，右手拿焊炬；采用左向焊法进行焊接。

1）焊道起头。先将焊炬倾角加大，对准焊件始端作往复运动，进行加热。当焊件熔化成白色而清晰的熔池时，插入焊丝。将焊丝端头送到火焰焰心的焰尖处，很快焊丝熔滴滴入熔池。随即抬起焊丝端头 2 ~ 3mm，向前移动形成新的熔池。

2）焊炬和焊丝的移动。在焊接过程中，焊炬和焊丝应作均匀和谐的摆动，要既能将焊缝边缘熔透，控制液态金属的流动，使焊缝成形良好，又能保证焊件不致过热。焊炬和焊丝沿焊接方向分别作横向摆动和垂直方向的送进运动。

3）焊道的接头。在焊接过程中，当中途停顿后继续施焊时，应用火焰把原熔池重新加热熔化成新的熔池之后再加焊丝，重新开始焊接。焊道与前焊道重叠 5 ~ 10mm，重叠部分要少加焊丝或不加焊丝。

4）焊道的收尾。当焊接接近终点时，先减小焊炬与焊件的夹角，同时增大焊接速度和加丝量。焊至终点处时，用温度较低的外焰加热，直到熔池填满，将焊丝移开后火焰才能慢慢离开熔池。

5）焊后清理与检验。焊后用钢丝刷对焊缝进行清理，检查焊缝质量。焊缝不可有焊瘤、烧穿、凹陷、气孔等缺陷。

［注意］

1）焊接时，注意焊缝的宽度、高度和直线度，以保证焊缝的美观。

2）焊缝边缘和母材间要光滑过渡。

3）用左向焊法进行焊接达到要求后，可进行右向焊法的练习。

4）在操作时，要防止被熔池中飞溅出的金属烧伤。

课题八 薄板平对接气焊

学习目标

① 掌握钢板气焊的定位焊方法及技能。
② 掌握薄板平对接气焊的操作技能。

知识学习

1. 直缝的定位焊

较薄焊件的定位焊顺序如图 6-47a 所示，即由中间向两端进行。定位焊点的长度一般为 5 ~ 7mm，间距为 50 ~ 100mm。

较厚焊件的定位焊顺序如图 6-47b 所示，即由两端向中间进行。定位焊点的长度一般为 20 ~ 30mm，间距为 200 ~ 300mm。

定位焊缝不宜过长、过高和过宽，特别对于较厚的焊件；定位焊缝要保证有足够的熔深，不然会造成正式焊缝高低不平、宽窄不一和熔合不良等缺陷。若定位焊产生焊接缺

陷，应及时铲除或修补。

定位焊点不宜过宽、过低。定位焊点的横截面如图 6-48 所示。

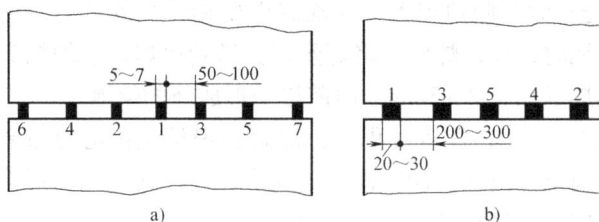

图 6-47　定位焊顺序
a）较薄焊件的定位焊顺序　b）较厚焊件的定位焊顺序

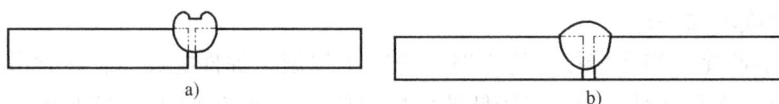

图 6-48　定位焊点的横截面
a）不好　b）好

2. 反变形

在定位焊后，为防止角变形，可采用预先反变形法，即将焊件沿焊缝向下折 60° 左右，如图 6-49 所示。

3. 起焊位置及焊炬运动方式

起焊时，可从距接缝一端 30mm 处施焊，如图 6-50 所示。其目的是使起焊位置处于板内，从而加大传热面积，冷凝时不易出现裂纹或烧穿工件。

气焊时，火焰内焰尖端要对准接缝中心线，距焊件 2 ~ 5 mm。焊丝端部要位于焰芯前下方，作上下往复运动；焊丝端部不要离开外层火焰保护区，以免被氧化。焊炬可作平稳直线运动，也可作上下摆动，如图 6-51 所示。其目的是调节熔池温度，以使焊件熔化良好，并控制液体金属的流动，使焊缝成形美观。

图 6-49　预先反变形法

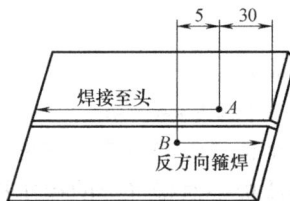

图 6-50　起焊处确定示意图

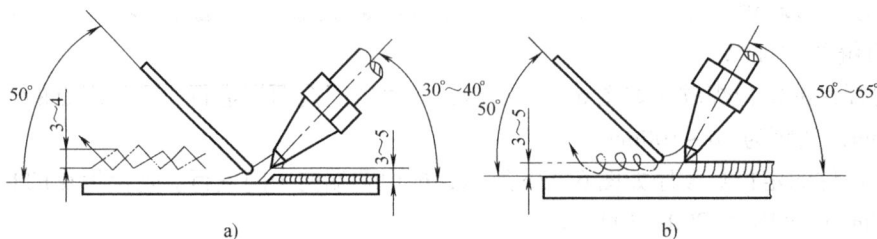

图 6-51　焊炬运动方式
a）焊炬上下摆动前移　b）焊炬平直前移

4. 焊缝尺寸

不同厚度焊件对焊缝尺寸的要求见表 6-16。

表 6-16 不同厚度焊件对焊缝尺寸的要求

焊件厚度/mm	焊缝余高/mm	焊缝宽度/mm	层 数
0.8 ~ 1.2	0.5 ~ 1	4 ~ 6	1
2 ~ 3	1 ~ 2	6 ~ 8	1
4 ~ 5	1.5 ~ 2	6 ~ 8	1 ~ 2
6 ~ 7	2 ~ 2.5	8 ~ 10	2 ~ 3

技能训练

练习 薄板平对接气焊

将两块材料为 Q235、尺寸为 300mm × 100mm × 2mm 的钢板，以平对接的形式气焊在一起。实训图样如图 6-52 所示。

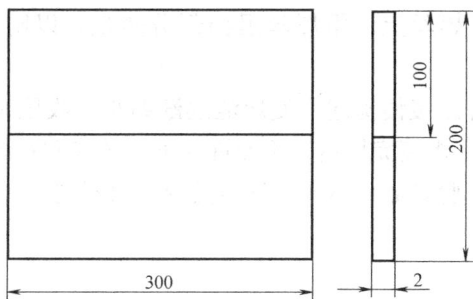

图 6-52 薄板平对接气焊实训图样

1. 平对接气焊焊接工艺

平对接气焊焊接工艺见表 6-17。

表 6-17 平对接气焊焊接工艺

焊接参数	焊炬型号 焊嘴型号	氧气工作 压力/MPa	乙炔工作 压力/MPa	运炬 方式	火焰 热量	火焰 性质	焊 丝	
							材质	直径/mm
	H01-6-2	0.2 ~ 0.3	0.01 ~ 0.1	直线或 上下摆动	适中	中性焰	H08A	1
焊接要求	1）采用氧乙炔焰平对接焊 2）I 形接头，根部间隙 b 为 0.5mm，焊缝余高 h 为 1 ~ 2mm，焊缝宽度 c 为 8mm，单层焊，焊缝成形平直							
焊接设备及工具	氧气瓶、乙炔瓶、减压阀、焊炬（H01-6）、橡胶软管							
辅助工具	护目镜、手枪式打火机、通针、钢丝刷、手提砂轮机等							

2. 实训步骤及操作要领

（1）焊前清理 焊前清理待焊处，将焊件表面的油污、铁锈及氧化物等清除。可用抹

布、锉刀及钢丝刷清理，油污可用汽油清洗，直至呈现金属光泽。

（2）装配　在装配时不要错边，预留根部间隙为 0.5mm，要求装配齐平。

（3）定位焊　焊接方法与平敷焊相同。薄板定位焊接的长度为 3~4mm，定位点从中间向两侧展开，间隔 50~80mm，参见图 6-48a。该板可五点定位。

（4）预先反变形　将定位焊后的焊件沿焊缝向下折 60°左右，再用胶木棰将焊缝处矫正平齐。

（5）焊接操作　同课题七中的平敷气焊相同。

[注意]

1）在气焊过程中，如果火焰性质发生了变化，发现熔池浑浊、有气泡、火花飞溅或熔池沸腾等现象，要及时将火焰调整为中性焰，然后再进行焊接。

2）焊炬的倾角、高度和焊接速度，应根据熔池的大小调整。如发现熔池过小，焊丝熔化后仅敷在焊件表面，说明热量不足，焊炬倾角应增大，焊接速度要减慢；如发现熔池过大，且没有流动金属时，说明焊件已被烧穿，此时应迅速提起火焰或加快焊接速度，减小焊炬倾角，并多加焊丝。

3）焊接时应始终保持熔池为椭圆形且大小一致，才能得到满意的焊缝。在焊接薄焊件时，火焰的焰芯要指在焊丝上，用焊丝阻挡部分热量，以防接头处熔化太快而烧穿焊件。

4）焊接结束时，将焊炬缓慢提起，使熔池逐渐缩小。收尾时要填满弧坑，防止产生气孔、裂纹、凹坑等缺陷。焊接完毕后，不允许锤击、挫修和补焊。

5）反变形角是一个经验参数，不同的材料反变形角不同。

参 考 文 献

[1] 金禧德，王志海. 金工实习 [M]. 北京：高等教育出版社，2000.

[2] 滕向阳. 金属工艺学实习教材 [M]. 北京：机械工业出版社，2002.

[3] 张国军. 机械制造技术实训指导 [M]. 北京：电子工业出版社，2005.

[4] 卞洪元，丁金水. 金属工艺学 [M]. 北京：北京理工大学出版社，2006.

[5] 王靖东. 金属切削加工方法与设备 [M]. 北京：高等教育出版社，2007.

[6] 梁蓓. 金工实训 [M]. 北京：机械工业出版社，2008.

[7] 许志安. 焊接技能强化训练 [M]. 2版. 北京：机械工业出版社，2008.

[8] 凌爱林. 金属工艺学 [M]. 北京：机械工业出版社，2008.

[9] 杭明峰. 铣工快速入门 [M]. 北京：北京理工大学出版社，2008.

[10] 史朝辉，李俊涛. 金属加工实训 [M]. 北京：北京理工大学出版社，2009.

[11] 温上樵，杨冰. 钳工基本技能项目教程 [M]. 北京：机械工业出版社，2009.

[12] 王兵. 图解磨工技术 [M]. 上海：上海科学技术出版社，2010.